I0068238

MALBUCH ÜBER DIE ANATOMIE DES PFERDES

DIESES BUCH GEHÖRT

_____

© Copyright 2020 Anatomy Academy - Alle Rechte vorbehalten.

Der Inhalt dieses Buches darf ohne die direkte schriftliche Genehmigung des Autors oder Herausgebers nicht reproduziert, vervielfältigt oder übertragen werden.

In keinem Fall haftet der Herausgeber oder Autor für Schäden, Entschädigungen oder finanzielle Verluste, die direkt oder indirekt auf die in diesem Buch enthaltenen Informationen zurückzuführen sind.

Rechtlicher Hinweis:

Dieses Buch ist urheberrechtlich geschützt. Sie ist nur für den persönlichen Gebrauch bestimmt. Sie dürfen keinen Teil oder Inhalt dieses Buches ohne die Zustimmung des Autors oder Herausgebers verändern, verteilen, verkaufen, verwenden, zitieren oder umschreiben.

Haftungsausschluss :

Bitte beachten Sie, dass die in diesem Dokument enthaltenen Informationen nur zu Bildungs- und Unterhaltungszwecken dienen. Es wurden alle Anstrengungen unternommen, um genaue, aktuelle, zuverlässige und vollständige Informationen zu präsentieren. Es wird weder ausdrücklich noch stillschweigend eine Garantie irgendwelcher Art übernommen. Die Leser erkennen an, dass der Autor nicht damit beschäftigt ist, rechtliche, finanzielle, medizinische oder berufliche Ratschläge zu erteilen. Der Inhalt dieses Buches stammt aus einer Vielzahl von Quellen. Bitte konsultieren Sie einen lizenzierten Fachmann, bevor Sie eine der in diesem Buch beschriebenen Techniken ausprobieren.

Durch die Lektüre dieses Dokuments stimmt der Leser zu, dass der Autor in keinem Fall für direkte oder indirekte Verluste haftbar gemacht werden kann, die sich aus der Verwendung der hierin enthaltenen Informationen ergeben, einschließlich, aber nicht beschränkt auf Fehler, Auslassungen oder Ungenauigkeiten.

INHALTSVERZEICHNIS

ABSCHNITT 1: DAS SKELETT DES PFERDES SEITLICHER ASPEKT

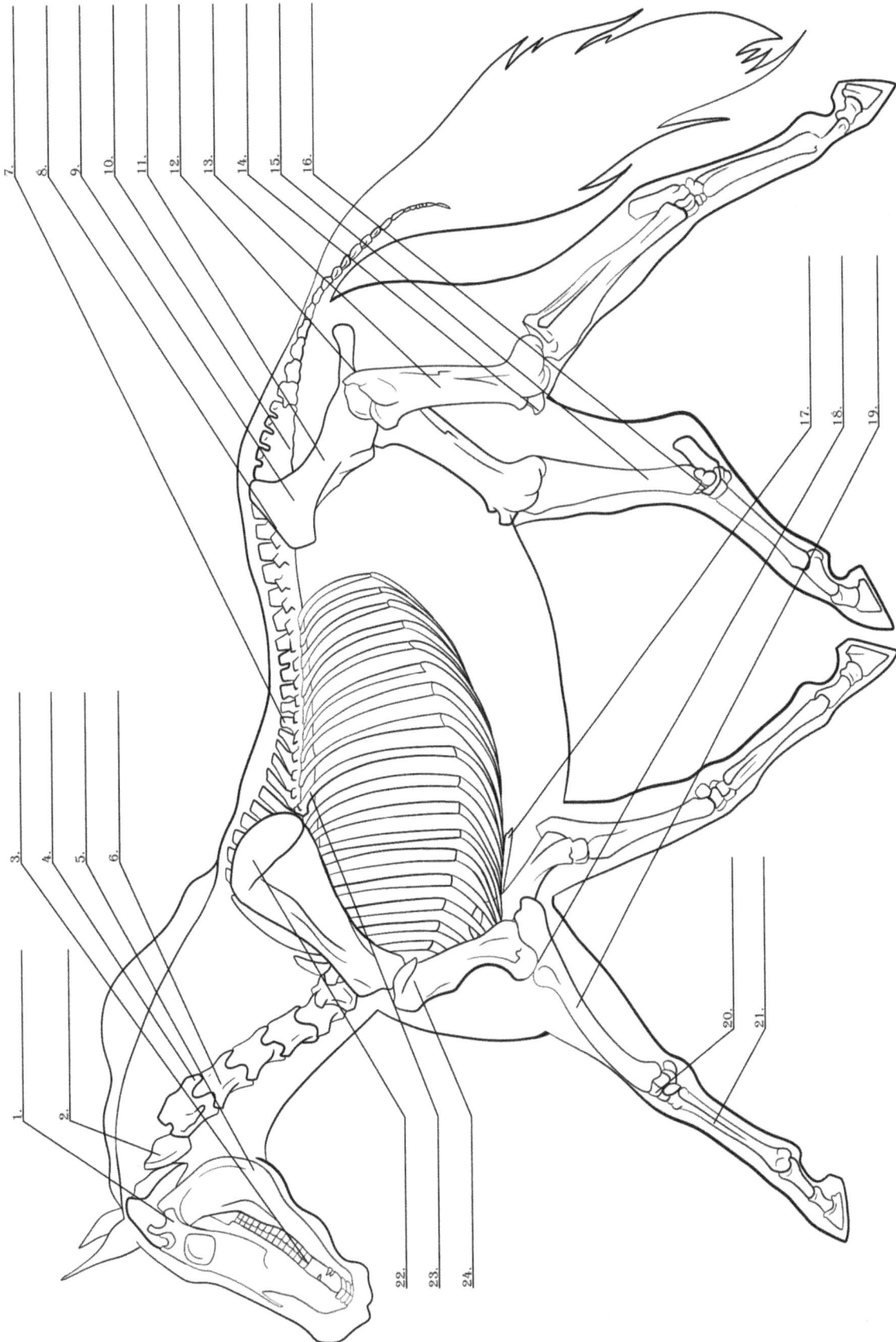

ABSCHNITT 1: DAS SKELETT DES PFERDES SEITLICHER ASPEKT

1. SCHÄDEL
2. ATLAS
3. BALKEN
4. ACHSE
5. KIEFER
6. HALSWIRBEL
8. LUMBOSAKRALGELENK
7. LENDENWIRBEL
9. PUNKT DER HÜFTE
10. KREUZBEIN
11. BECKEN
12. HÜFTGELENK
13. OBERSCHENKELKNOCHEN
14. PATELLA
15. SCHIENBEIN
16. SPRUNGGELENK
17. BRUSTBEIN
18. ELLENBOGENGELENK
19. RADIUS
20. KNIE
21. KANONE
22. SCHULTERBLATT
23. BRUSTKORB
24. OBERARMKNOCHEN

ABSCHNITT 2: DAS SKELETT DES PFERDESCHÄDELTEILS

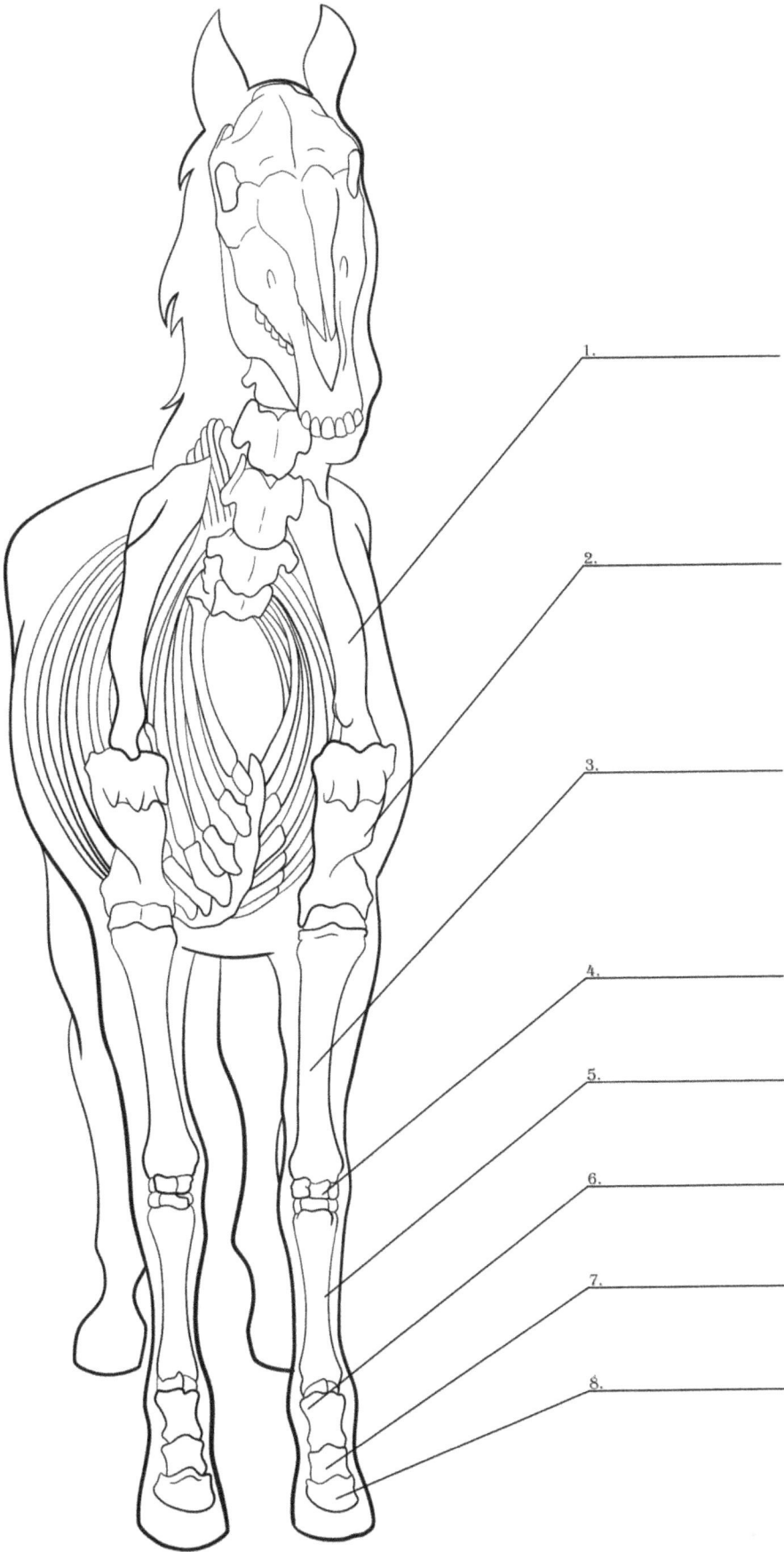

1. _____

2. _____

3. _____

4. _____

5. _____

6. _____

7. _____

8. _____

ABSCHNITT 2: DAS SKELETT DES PFERDESCHÄDELTEILS

1. SCAPULA-WIRBELSÄULE
2. OBERARMKNOCHEN
3. RADIUS
4. KARPALKNOCHEN
5. 3TER MITTELHANDKNOCHEN
6. PROXIMALE PHALANX
7. MITTELPHALANX
8. DISTALPHALANX (HUFBEIN)

ABSCHNITT 3: DAS SKELETT DES SCHÄDEL- UND SCHWANZASPEKTS DES PFERDES

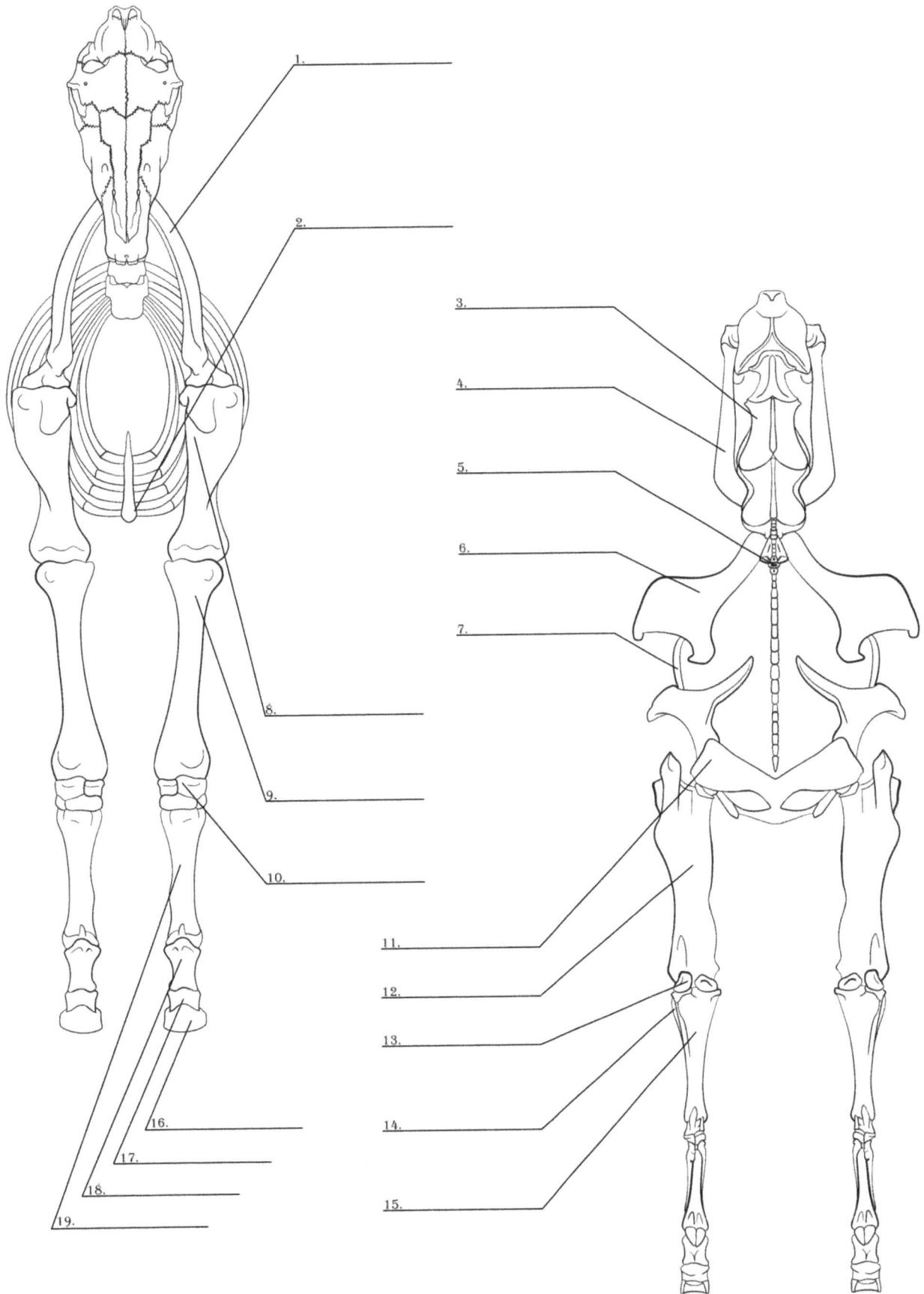

1.

2.

3.

4.

5.

6.

7.

8.

9.

10.

11.

12.

13.

14.

15.

16.

17.

18.

19.

ABSCHNITT 3: DAS SKELETT DES SCHÄDEL- UND SCHWANZASPEKTS DES PFERDES

1. WIRBELSÄULE DES SCHULTERBLATTES
2. BRUSTBEIN
3. ACHSEN
4. SCHÄDEL
5. KREUZBEIN
6. SCHULTERBLATT
7. BRUSTKORB
8. OBERARMKNOCHEN
9. RADIUS
10. KARPALKNOCHEN
11. BECKEN
12. OBERSCHENKELKNOCHEN
13. BÖSCHUNG
14 KNOCHENSCHIENE
15. SCHIENBEIN
16. DISTALPHALANX (HUFBEIN)
17. MEDIANPHALANX
18. PROXIMALE PHALANX
19. 3TER MITTELHANDKNOCHEN

ABSCHNITT 4: DAS SKELETT DES PFERDERÜCKENS

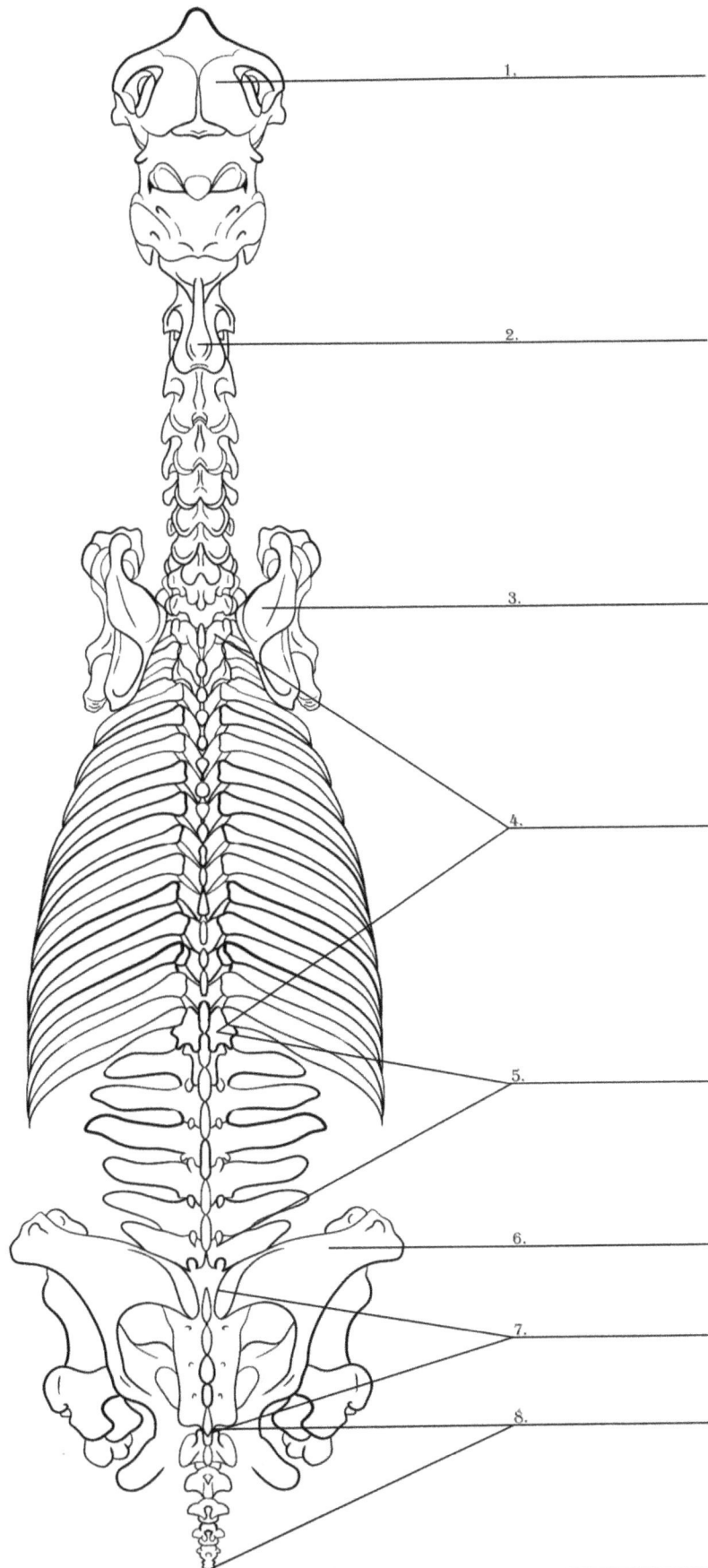

1. _____

2. _____

3. _____

4. _____

5. _____

6. _____

7. _____

8. _____

ABSCHNITT 4: DAS SKELETT DES PFERDERÜCKENS

1. SCHÄDEL
2. ACHSEN
3. SCHULTERBLATT
4. BRUSTWIRBEL
5. LENDENWIRBEL
6. BECKEN
7. SAKRALE WIRBEL
8. KAUDALE WIRBEL

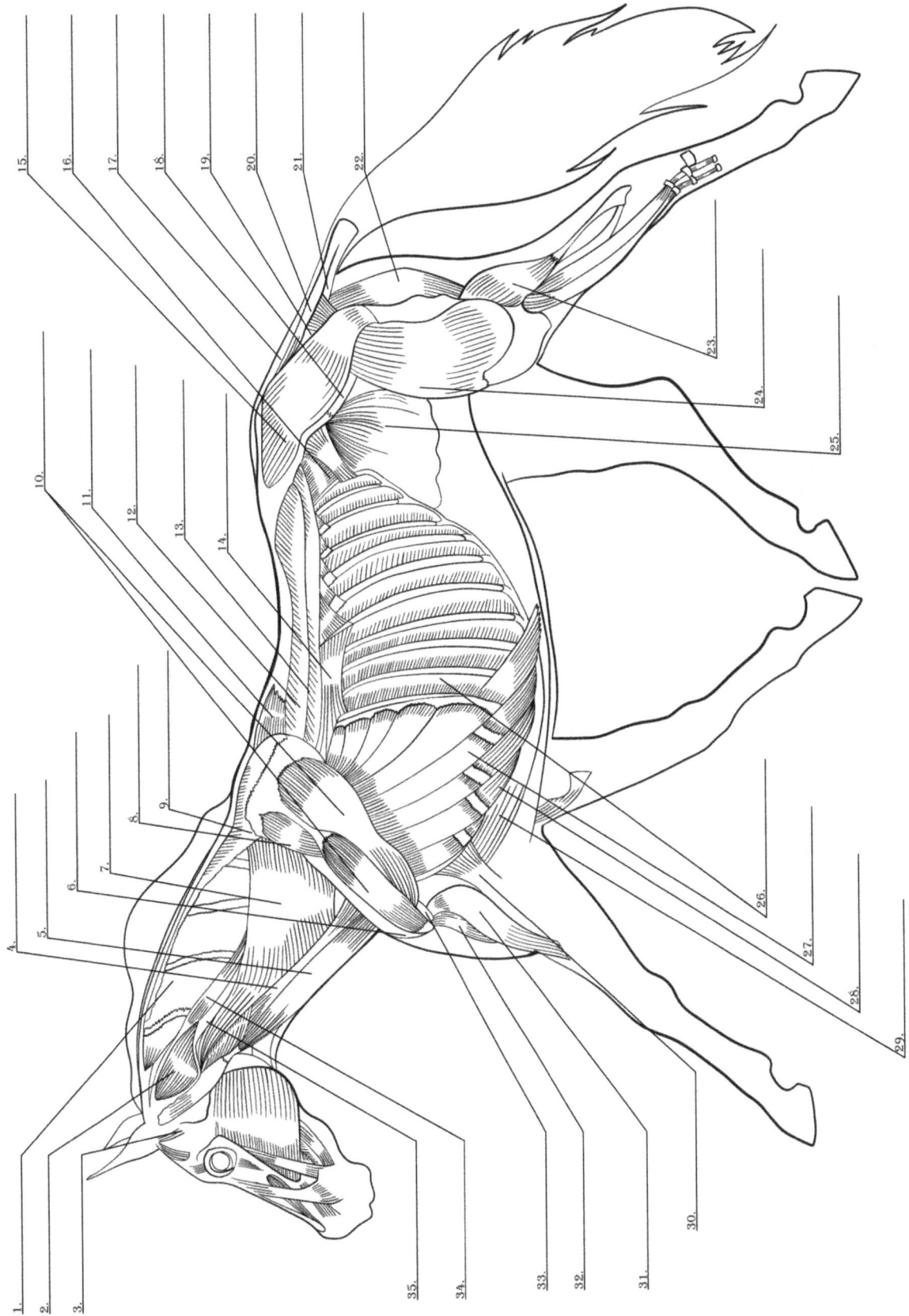

ABSCHNITT 5: DIE MUSKELN DES PFERDES SEITLICHER ASPEKT

1. KOMPLEX
2. REKTUS CAPITIS VENTRALIS
3. TEMPORALIS
4. OMOHYOIDUS
5. STERNOCEPHALICUS
6. UNTERSCHLÜSSELBEIN
7. SERRATUS VENTRALIS CERVICIS
8. SUPRASPINATUS
9. RHOMBOIDEN
10. INFRASPINATUS
11. SPINALIS DORSI
12. LONGISSIMUS DORSI
13. LONGISSIMUS COSTARUM
14. SERRATUS DORSALIS POSTERIOR
15. DURCHSCHNITTLICHE POBACKEN
16. ABDOMINALE TRANSVERSALE
17. SACROCAUDALIS DORSALIS MEDIUS
18. ILIACUS
19. KOKZYGEUS
20. SACROCAUDALIS DORSALIS LATERALIS
21. SACROCAUDALIS VENTRALIS LATERALIS
22. SEMIMEMBRANOSUS
23. GASTROCNEMIUS
24. FEMUR-QUADRIZEPS
25. ABDOMINIS INTERNUS SCHRÄG
26. EXTERN INTERKOSTAL
27. SERRATUS VENTRALIS THORACIS
28. SCHIEFER ABDOMINIS EXTERNUS
29. AUFSTEIGENDE BRUST
30. TRANSVERSALE BRUSTMUSKELN
31. BRACHIALIS
32. BRACHIALER BIZEPS
33. KLEINERE LÄNDER
34. LONGISSIMUS CAPYTIS
35. LONGISSIMUS ATLANTIS

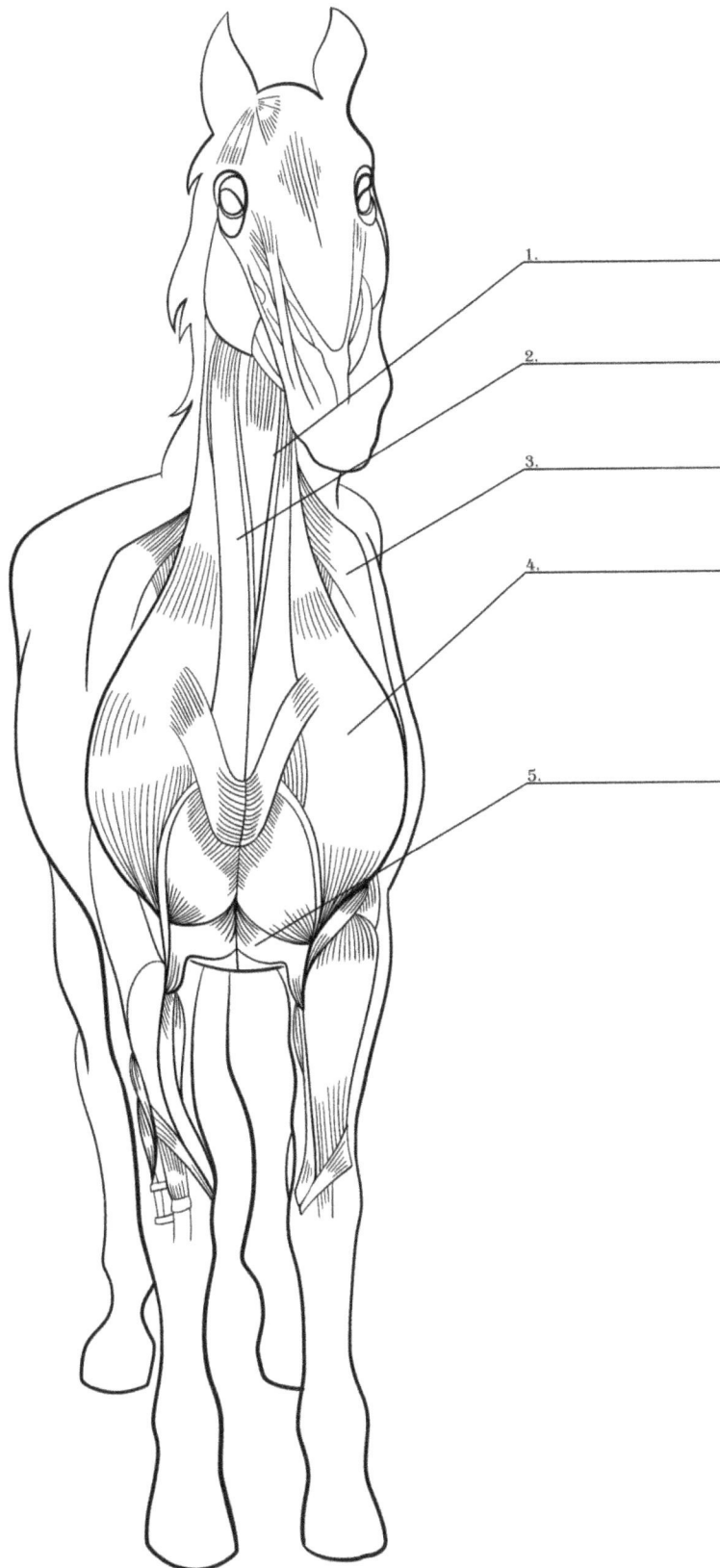

1. _____

2. _____

3. _____

4. _____

5. _____

ABSCHNITT 6: DIE MUSKELN DES SCHÄDELASPEKTS DES PFERDES

1. MUSCULUS STERNOHYOIDUS
2. STERNOZEPHALISCHER MUSKEL
3. TRAPEZIUS-MUSKEL
4. BRACHIOZEPHALISCHER MUSKEL
5. BRUST-MUSKEL

ABSCHNITT 7: DIE MUSKELN DES KRANIALEN UND KAUDALEN ASPEKTS DES PFERDES

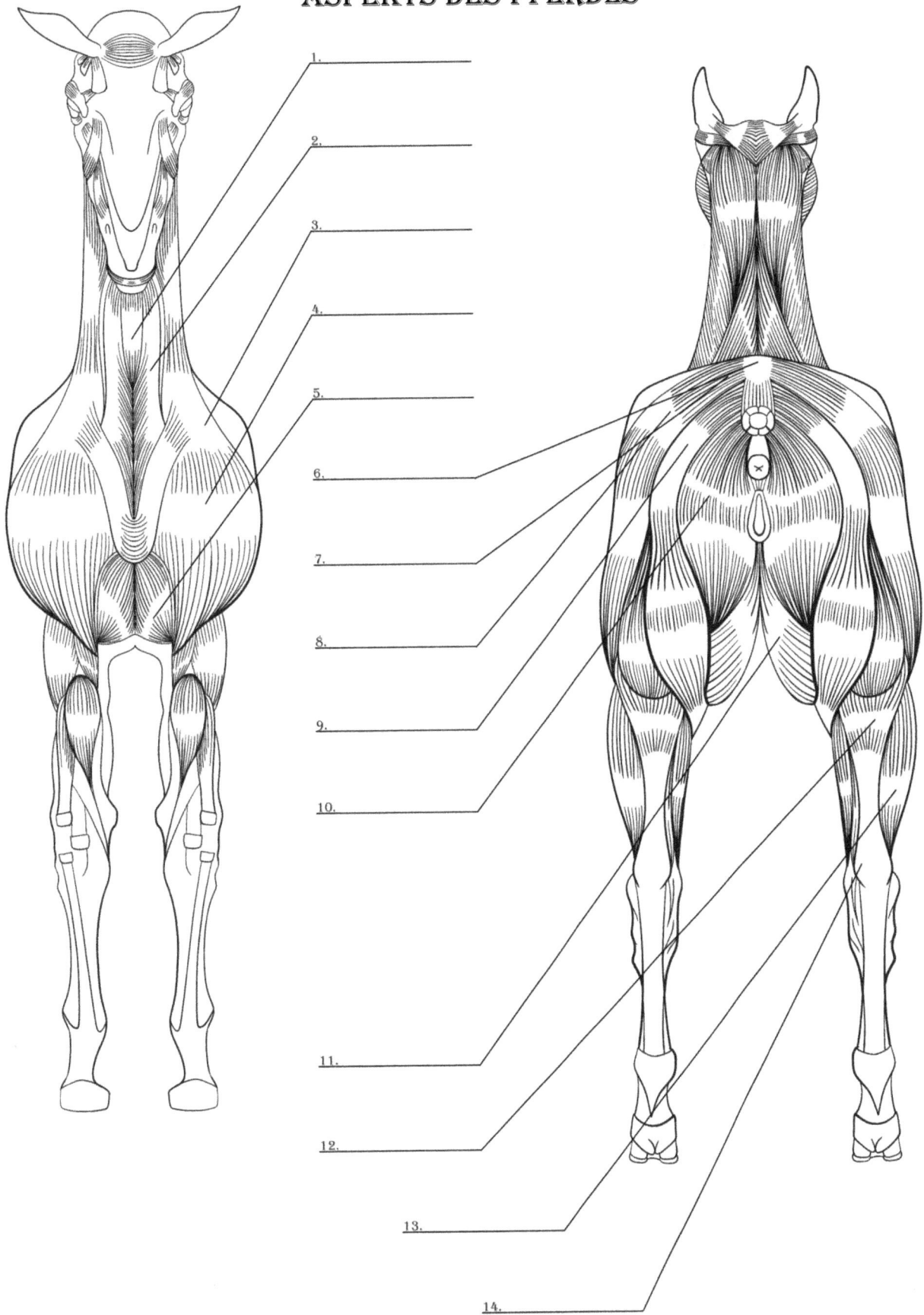

1.

2.

3.

4.

5.

6.

7.

8.

9.

10.

11.

12.

13.

14.

ABSCHNITT 7: DIE MUSKELN DES KRANIALEN UND KAUDALEN ASPEKTS DES PFERDES

1. STERNOHYOIDUS-MUSKEL
2. STERNOZEPHALISCHER MUSKEL
3. TRAPEZIUS-MUSKEL
4. MUSCULUS BRACHIOCEPHALICUS
5. BRUSTMUSKELN
6. HEILIGE KNOLLE
7. OBERFLÄCHLICHER GLUTEUSMUSKEL (GLUTEUS SUPERFICIALIS)
8. MUSCULUS BICEPS FEMORIS
9. HALBSEHNENMUSKEL
10. SEMIMEMBRANÖSER MUSKEL
11. MUSCULUS GRACILIS
12. DER MUSKEL DES GASTROCNEMIUS
13. MUSCULUS TIBIALIS CRANIALIS
14 ACHILLESSEHNE

ABSCHNITT 8: DIE MUSKELN DES BAUCH-GESICHTS DES PFERDES

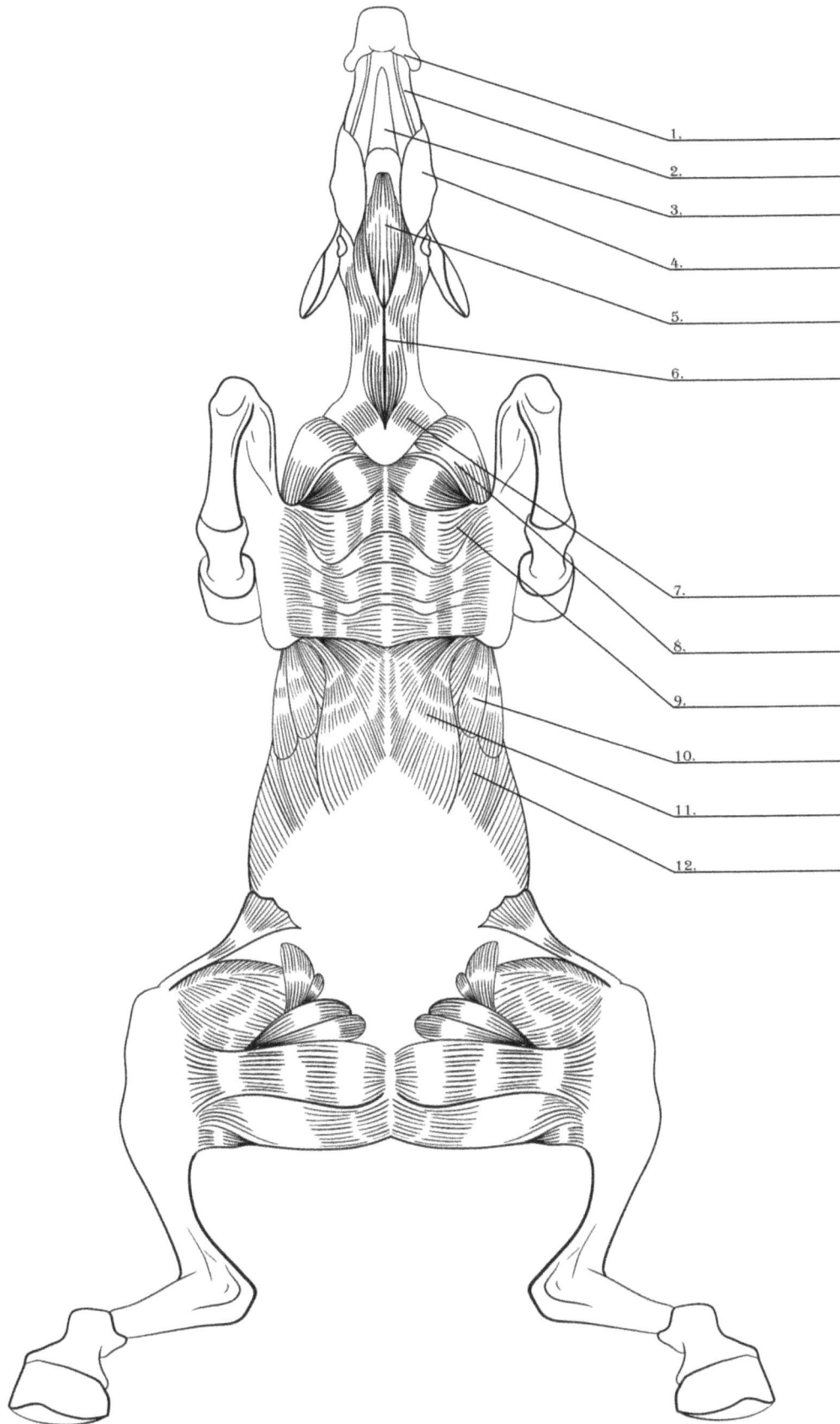

1. _____

2. _____

3. _____

4. _____

5. _____

6. _____

7. _____

8. _____

9. _____

10. _____

11. _____

12. _____

ABSCHNITT 8: DIE MUSKELN DES BAUCH-GESICHTS DES PFERDES

1. M. ORBICULARIS ORIS
2. BUCCINATOR-MUSKEL
3. DER MYLOHYOIDE MUSKEL
4. MUSKELMASSEMESSER
5. MUSCULUS STERNOHYOIDEUS
6. MUSCULUS STERNOMASTOIDEUS
7. MUSCULUS CUTANEUS COLLI
8. MUSCULUS BRACHIOCEPHALICUS
9. TRANSVERSALER BRUSTMUSKEL
10. MUSCULUS SERRATUS VENTRALIS
11. PROFUNDUS DES BRUSTMUSKELS
12. SCHRÄGER MUSKEL DES ÄUßEREN ABDOMENS

ABSCHNITT 9: DIE MUSKELN DES RÜCKENGESICHTS DES PFERDES

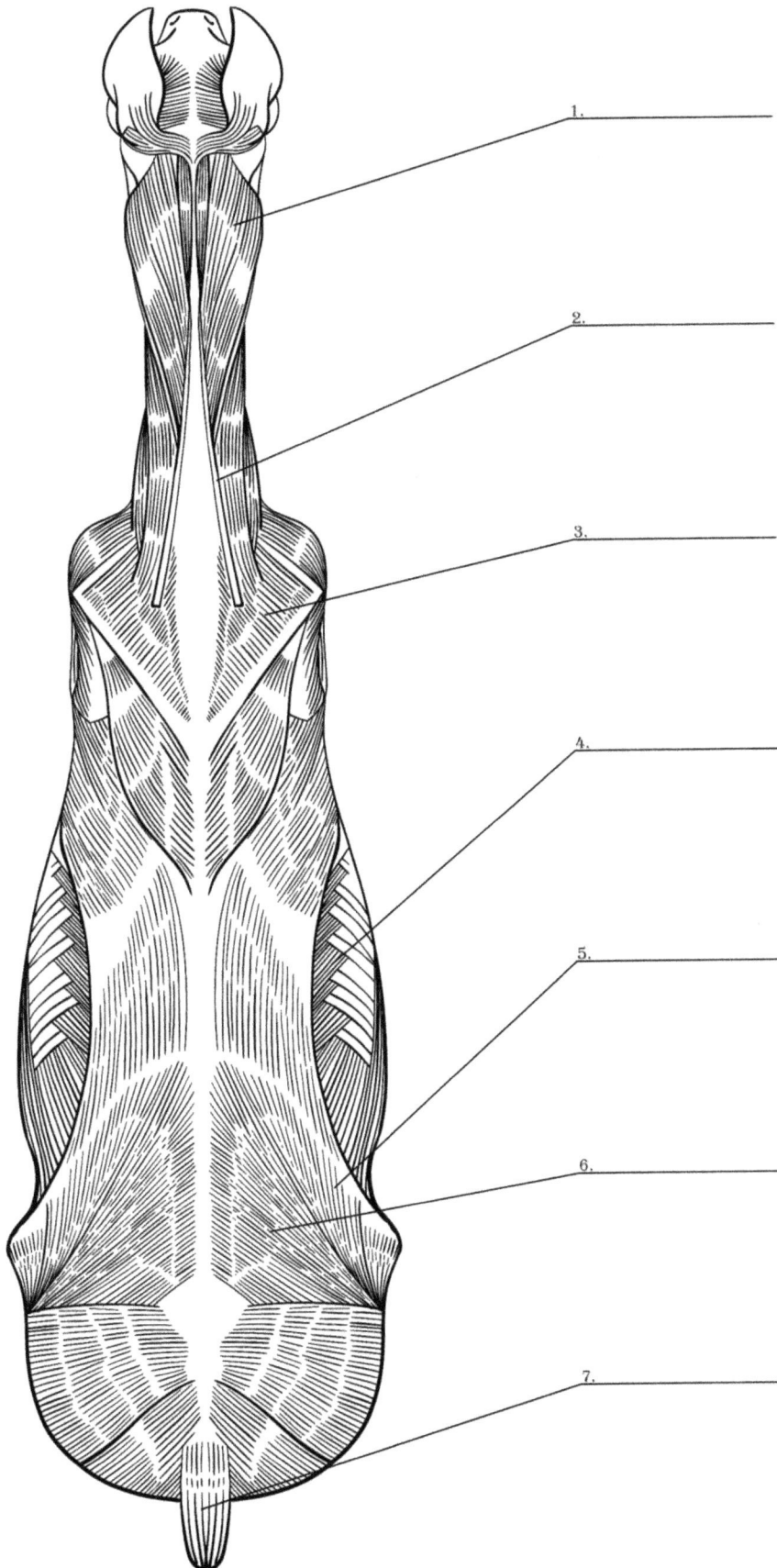

1.

2.

3.

4.

5.

6.

7.

ABSCHNITT 9: DIE MUSKELN DES RÜCKENGESICHTS DES PFERDES

1. KOMPLEXER MUSKEL
2. RHOMBOIDER MUSKEL
3. MUSCULUS DORSALIS SPINALIS
4. ÄUßERER INTERKOSTALMUSKEL
5. SCHRÄGER MUSKEL DES INNENBAUCHES
6. MUSCULUS GLUTEUS MEDIUS
7. MITTLERER MUSKEL SACROCAUDALIS DORALIS

ABSCHNITT 10: DIE INNEREN ORGANE DES PFERDES

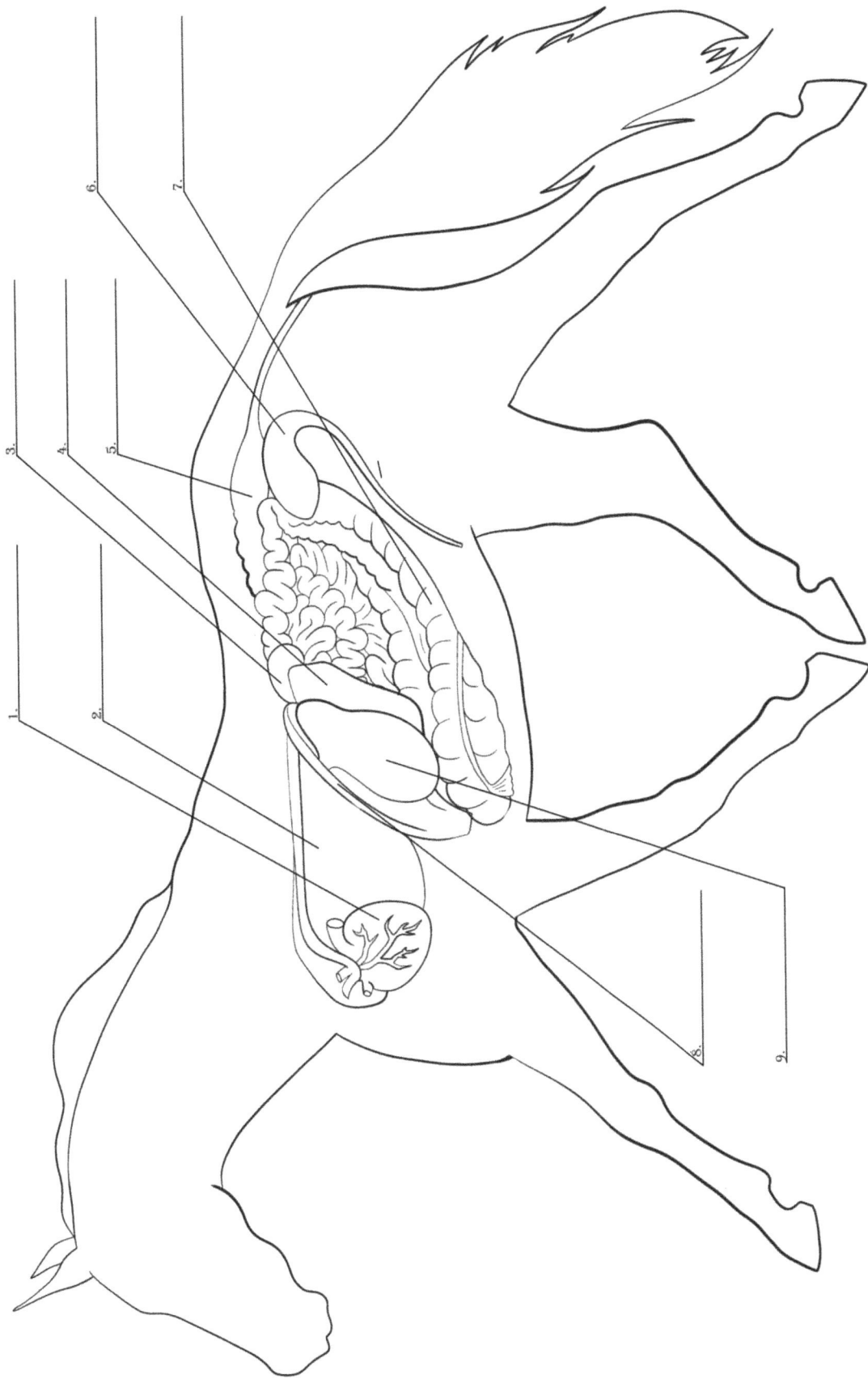

ABSCHNITT 10: DIE INNEREN ORGANE DES PFERDES

1. CŒUR
2. LUNGE
3. NIERE
4. DIE LEBER
5. REKTUM
6. BLASE
7. DICKDARM
8. ZWERCHFELL
9. DER MAGEN

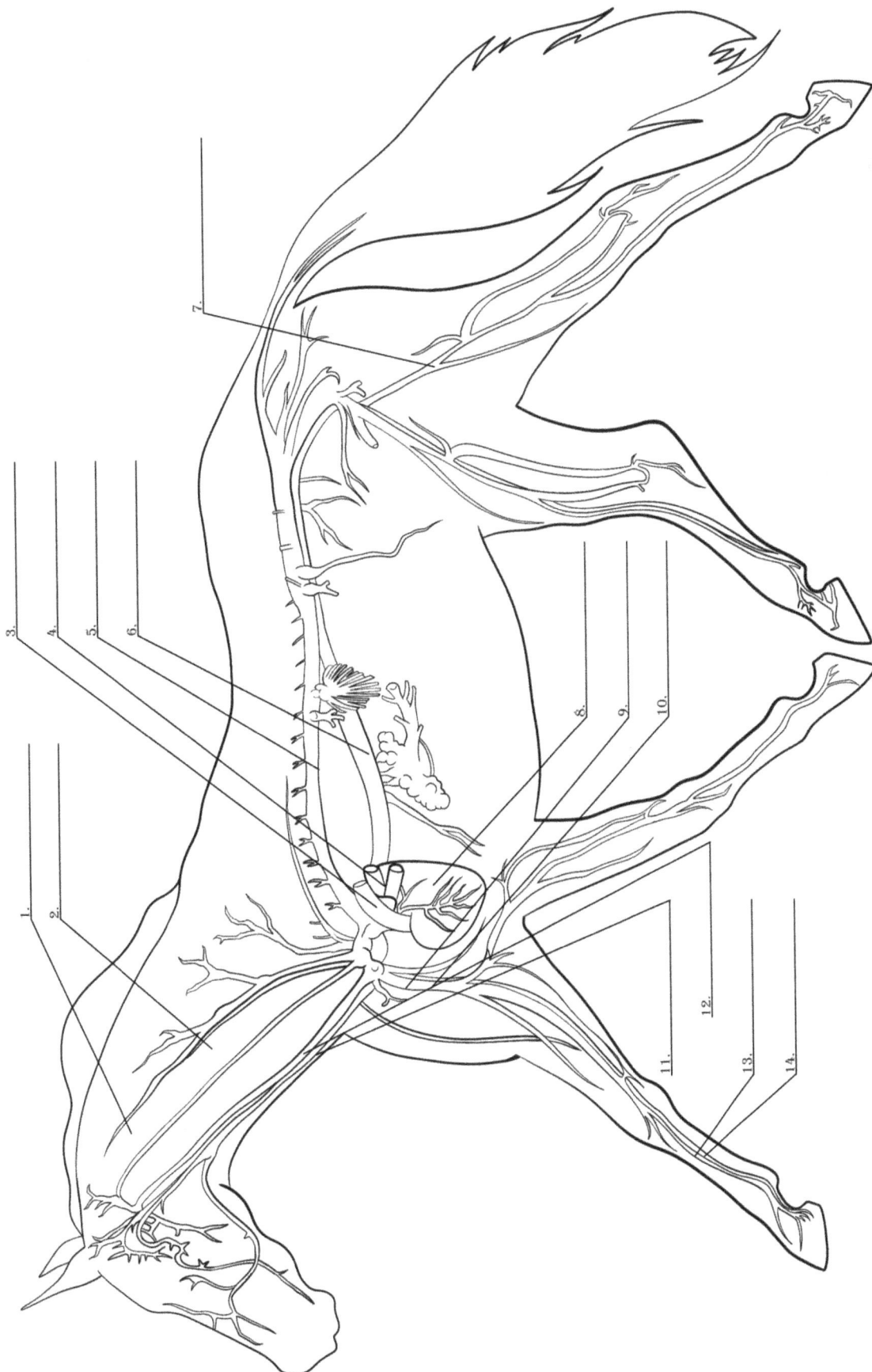

ABSCHNITT 11: DIE BLUTGEFÄßE DES PFERDES

1. HALSARTERIE
2. HALSVENE
3. LUNGENARTERIE
4. LUNGENVENE
5. AORTA
6. HINTERE HOHLVENE
7. OBERSCHENKELVENE
8. DAS HERZ
9. ARTERIA SUBCLAVIA
10. VENA SUBCLAVIA
11. JUGULARVENE
12. HALSSCHLAGADER
13. PEDALARTERIE
14. PEDALVENE

ABSCHNITT 12: DIE NERVEN DES PFERDES

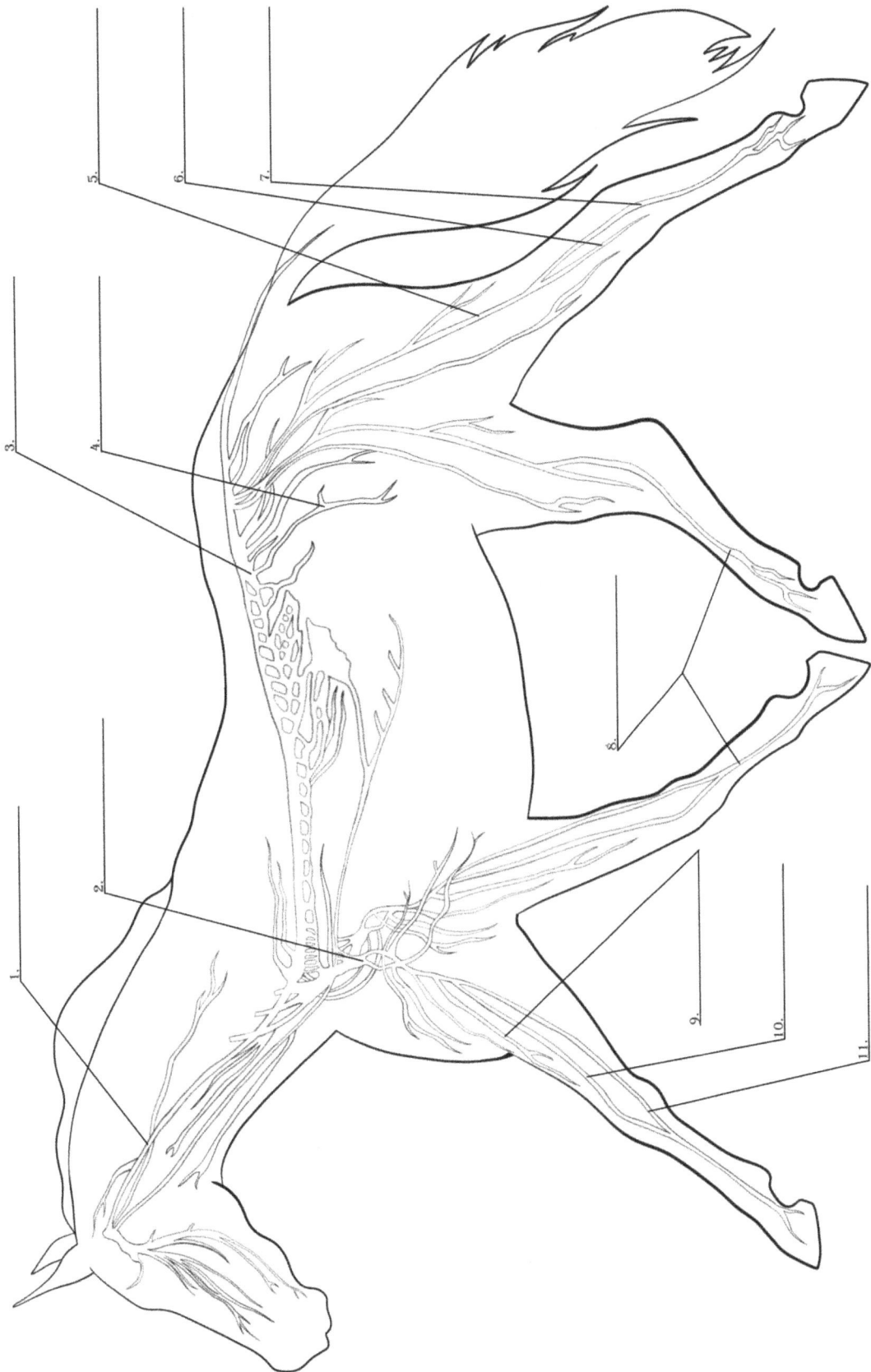

ABSCHNITT 12: DIE NERVEN DES PFERDES

1. RÜCKENMARK
2. PLEXUS BRACHIALIS
3. LUMBOSAKRALER PLEXUS
4. FEMORALER NERV
5. ISCHIASNERV (NERVUS ISCHIATICUS)
6. PERONEALNERV
7. NERVUS TIBIALIS
8. PALMAR-NERV
9. RADIALNERV
10. MEDIANUS-NERV
11. NERVUS ULNARIS

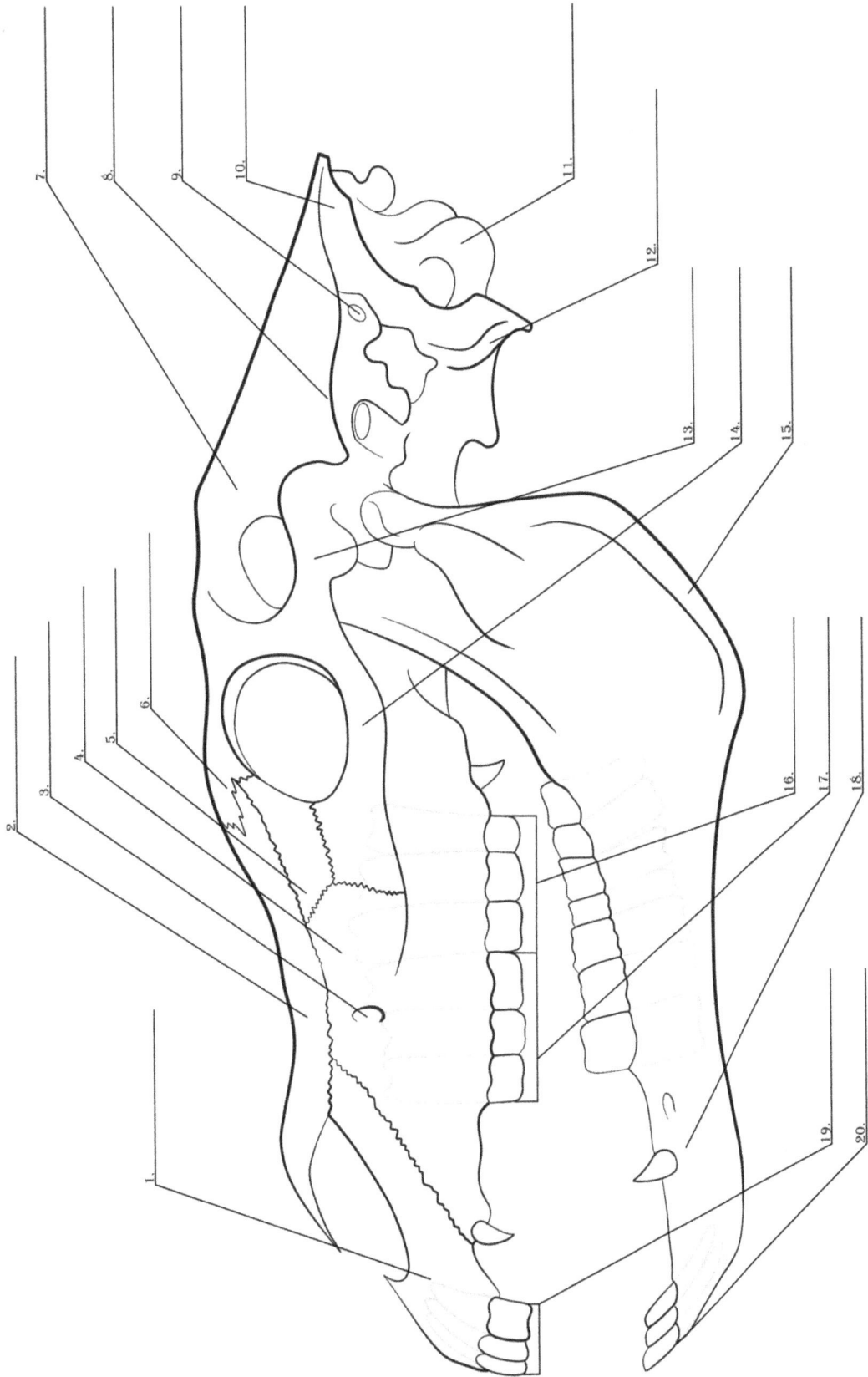

ABSCHNITT 13: DER SCHÄDEL DES PFERDES SEITLICHER ASPEKT

1. INZISALKNOCHEN
2. DAS NASENBEIN
3. INFRAORBITALES LOCH
4. OBERKIEFER
5. DEN KNOCHEN MIT DER AUGENHÖHLE DAHINTER REIßEN
6. DAS STIRNBEIN
7. SCHEITELBEIN
8. SCHLÄFENGRUBE
9. ÄUßERER GEHÖRGANG
10. NACKTER KAMM
11. HINTERHAUPTSKONDYLE
12. PARAKONDYLÄRER PROZESS
13. JOCHBEINBOGEN
14. JOCHBEIN MIT GESICHTSKAMM
15. UNTERKIEFERWINKEL
16. BACKENZÄHNE
17. PRÄMOLAREN-ZÄHNE
18. INTERALVEOLÄRER RAND
19. SCHNEIDEZÄHNE
20. SCHNEIDEZÄHNE

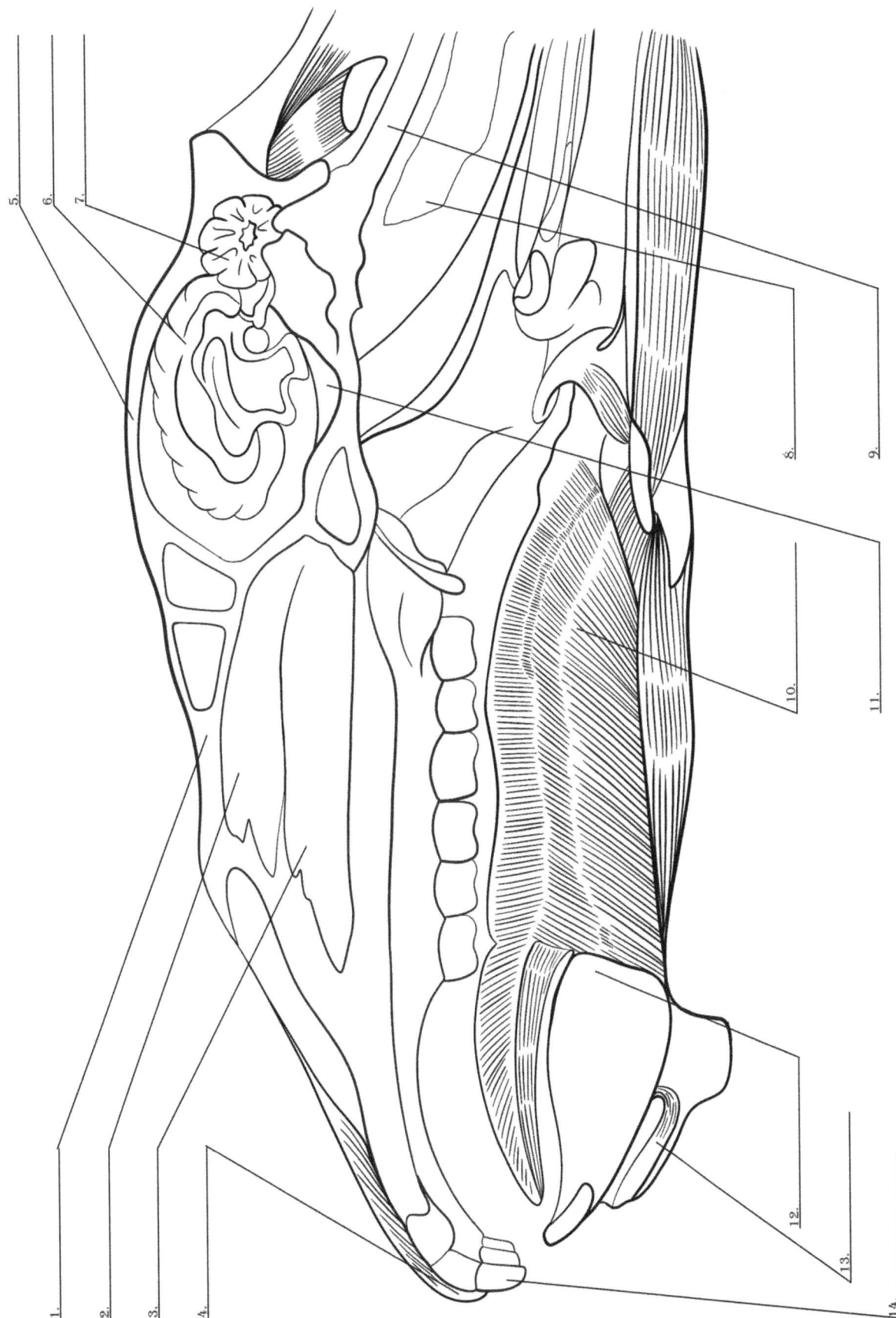

1.

2.

3.

4.

5.

6.

7.

8.

9.

10.

11.

12.

13.

14.

ABSCHNITT 14: INNERHALB DES SCHÄDELS DES PFERDES SEITLICHER ASPEKT

1. NASENBEIN
2. DORSALMUSCHELN
3. BAUCHMUSCHEL
4. OBERLIPPE
5. STIRNBEIN
6. DAS GEHIRN
7. KLEINHIRN
8. ACHSE
9. RÜCKENMARK
10. KÖRPER DER ZUNGE
11. OPTISCHES CHIASMA
12. UNTERKIEFER
13. UNTERLIPPE
14. SCHNEIDEZÄHNE

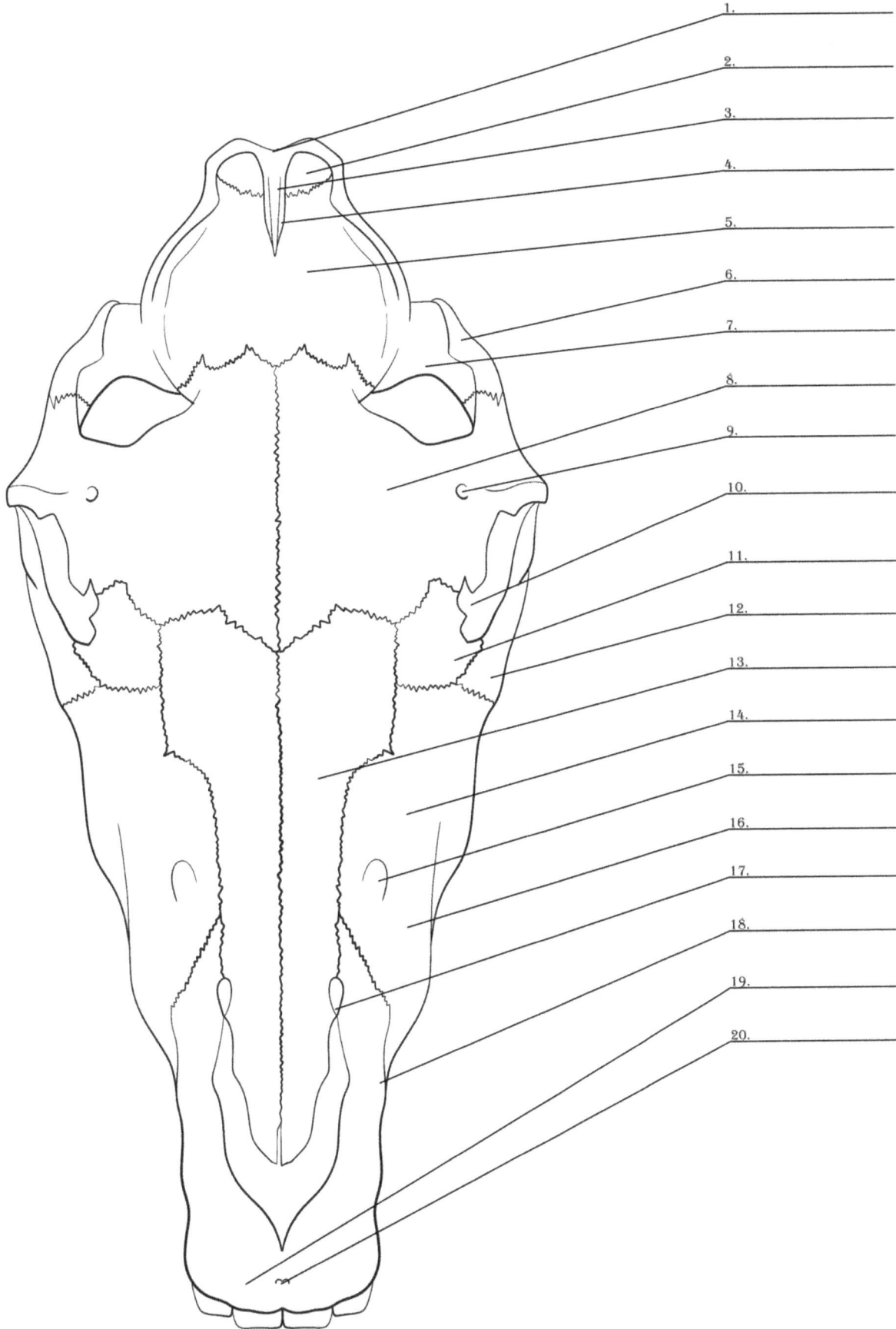

1. _____

2. _____

3. _____

4. _____

5. _____

6. _____

7. _____

8. _____

9. _____

10. _____

11. _____

12. _____

13. _____

14. _____

15. _____

16. _____

17. _____

18. _____

19. _____

20. _____

ABSCHNITT 15: DER SCHÄDEL DES RÜCKENGESICHTS DES PFERDES

1. OBERER NACKENRAND
2. HINTERHAUPTBEIN
3. PARIETALER GRAT
4. INTERPARENTALER KNOCHEN
5. SCHEITELBEIN
6. JOCHBEINBOGEN
7. PLATTENEPITHELKNOCHEN
8. STIRNBEIN
9. SUPRAORBITALES FORAMEN
10. UMLAUFBAHN
11. REIßENDER KNOCHEN
12. ZYGOMATISCHER KNOCHEN
13. NASENBEIN
14. OBERKIEFER
15. INFRAORBITALES FORAMEN
16 GESICHTSKAMM
17. NASOMAXILLARE KERBE
18. NASEN- ODER INZISALKNOCHEN
19. KÖRPER DES INZISALKNOCHENS
20. PRÄGNANTES FORAMEN

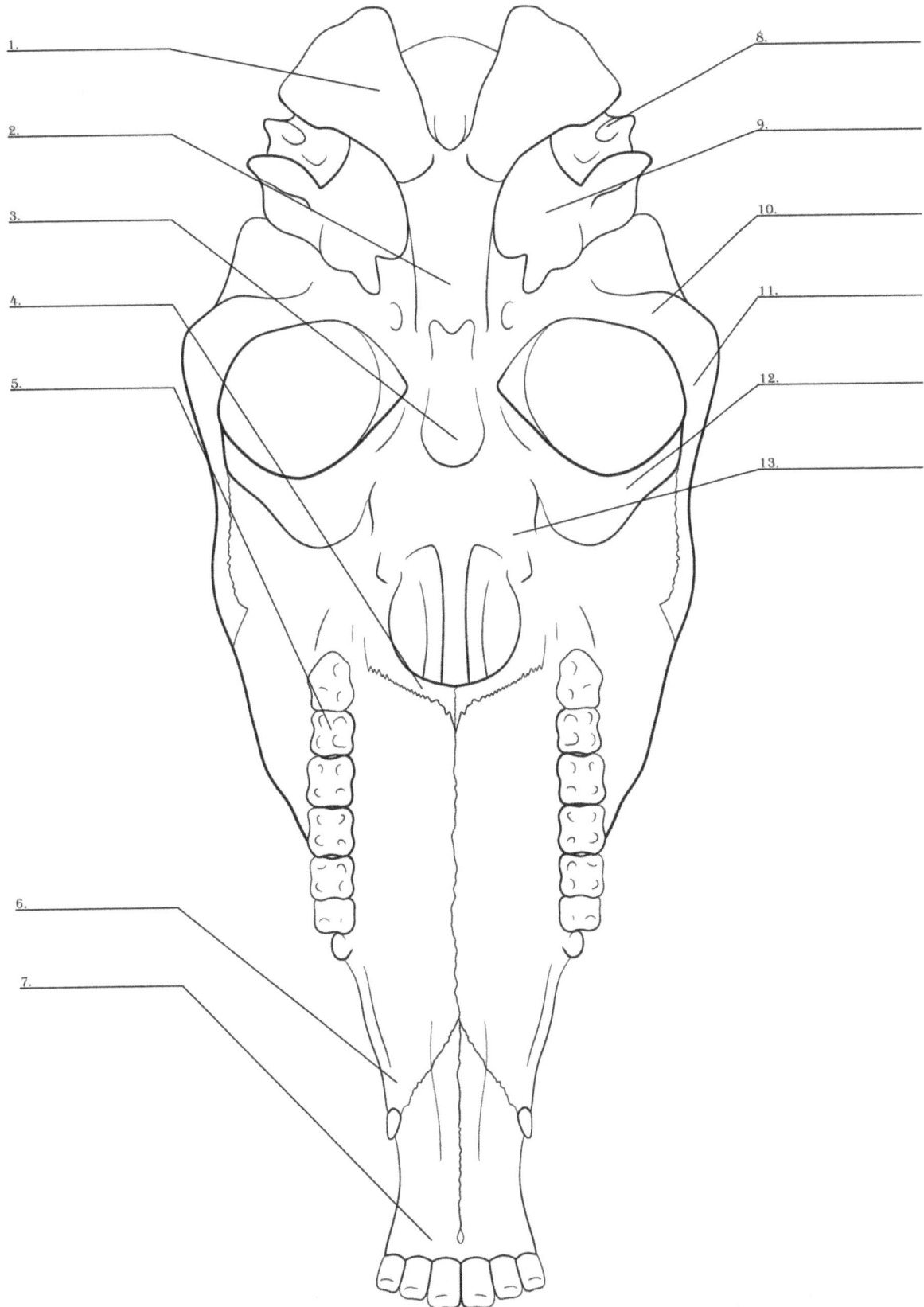

1.

2.

3.

4.

5.

6.

7.

8.

9.

10.

11.

12.

13.

ABSCHNITT 16: DER SCHÄDEL DES PFERDES VENTRALER ASPEKT

1. FORAMEN MAGNUM
2. HINTERHAUPTBEIN
3. KNOCHEN-BASISPHENOID
4. PALATINALES KNOCHEN
5. ZÄHNE
6. OBERKIEFER
7. INZISALKNOCHEN
8. KNOCHEN DES JUGULARFORTSATZES
9. FORAMEN LACERUM
10. KAUDALES ALARM-FORAMEN
11. ZYGOMATISCHER KNOCHEN
12. ORBITALER RISS
13. HAMULUS DES PTERYGOIDKNOCHENS

ABSCHNITT 17: MUSKELN DES KOPFES SEITLICHER ASPEKT

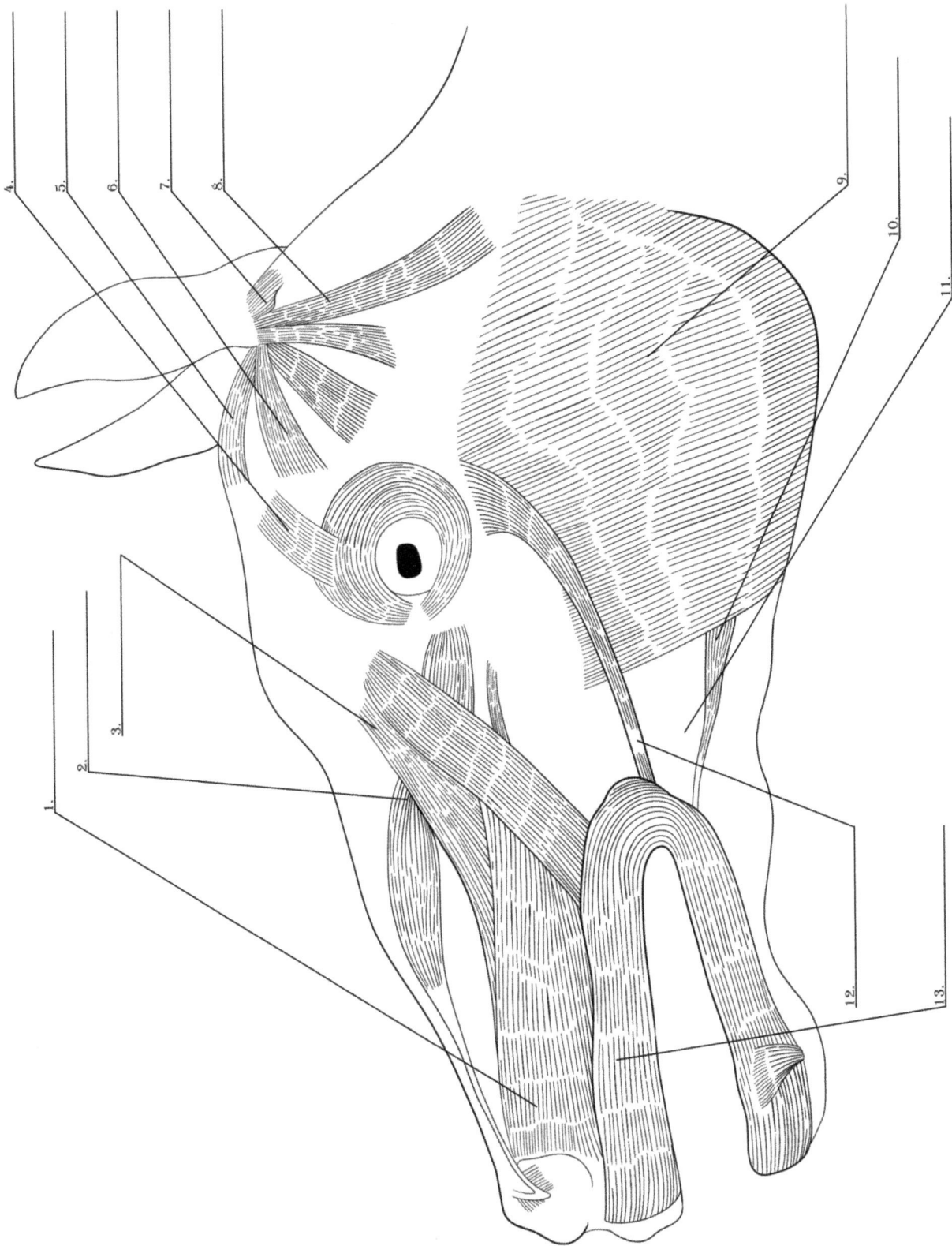

ABSCHNITT 17: MUSKELN DES KOPFES SEITLICHER ASPEKT

1. HUNDEMUSKEL
2. OBERKIEFER-LABIAL-LEVATORMUSKEL
3. LEVATOR NASOLABIALIS-MUSKEL
4. MEDIALER MUSCULUS ANGULARIS LEVATORIUS MEDIALIS
5. INTERSKUTULARE MUSKELN
6. PARS TEMPORALIS DES MUSCULUS FRONTOSCUTULARIS
7. MUSCULUS CERVICOAURICULARIS
8. PARTOIDOAURIKULÄRER MUSKEL
9. MUSKELMASSEMESSER
10. MANDIBULÄRER LABIALER DEPRESSOR-MUSKEL
11. WANGENMUSKEL
12. JOCHBEIN-MUSKEL
13. ORBIKULÄRE MUSKELERKRANKUNG

ABSCHNITT 18: DIE MUSKELN DES DORSALEN GESICHTS DES KOPFES

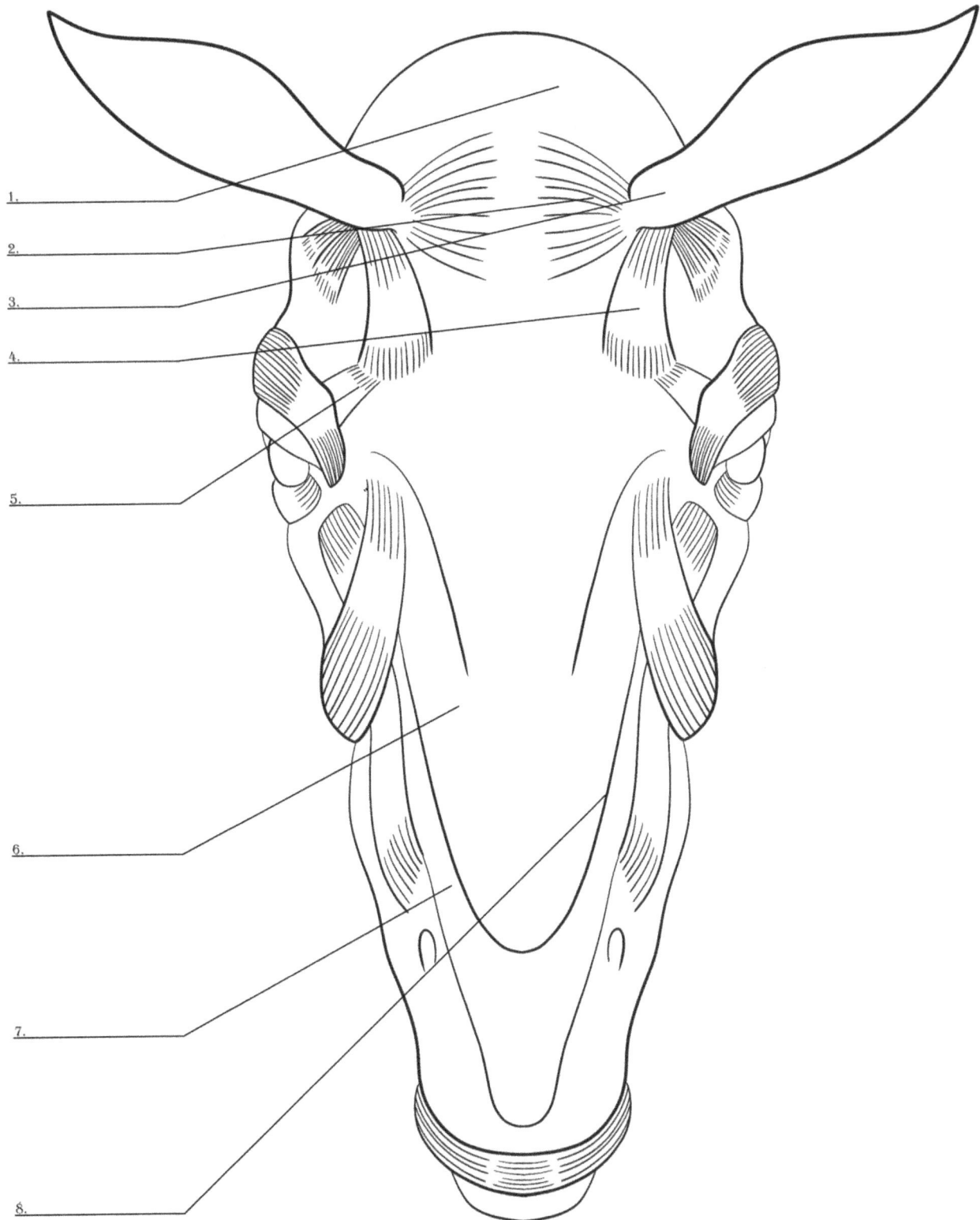

1.

2.

3.

4.

5.

6.

7.

8.

ABSCHNITT 18: DIE MUSKELN DES DORSALEN GESICHTS DES KOPFES

1. OBERFLÄCHLICHER PERVICOAURIKOLARER MUSKEL
2. INTERSKUTULARER MUSKEL
3. SCUTULOAURIKULÄRER MUSKEL
4. FRONTALER MUSKELSCHNITT
5. MUSCULUS ANGULARIS MEDIALIS LEVATORIUS MEDIALIS
6. NASOLABIALIS-LIFT-MUSKEL
7. SEITLICHER NASENMUSKEL
8. OBERKIEFER-LABIAL-LEBER-MUSKEL

ABSCHNITT 19: DER LATERALE UND DORSALE ASPEKT DES PFERDEHIRNS

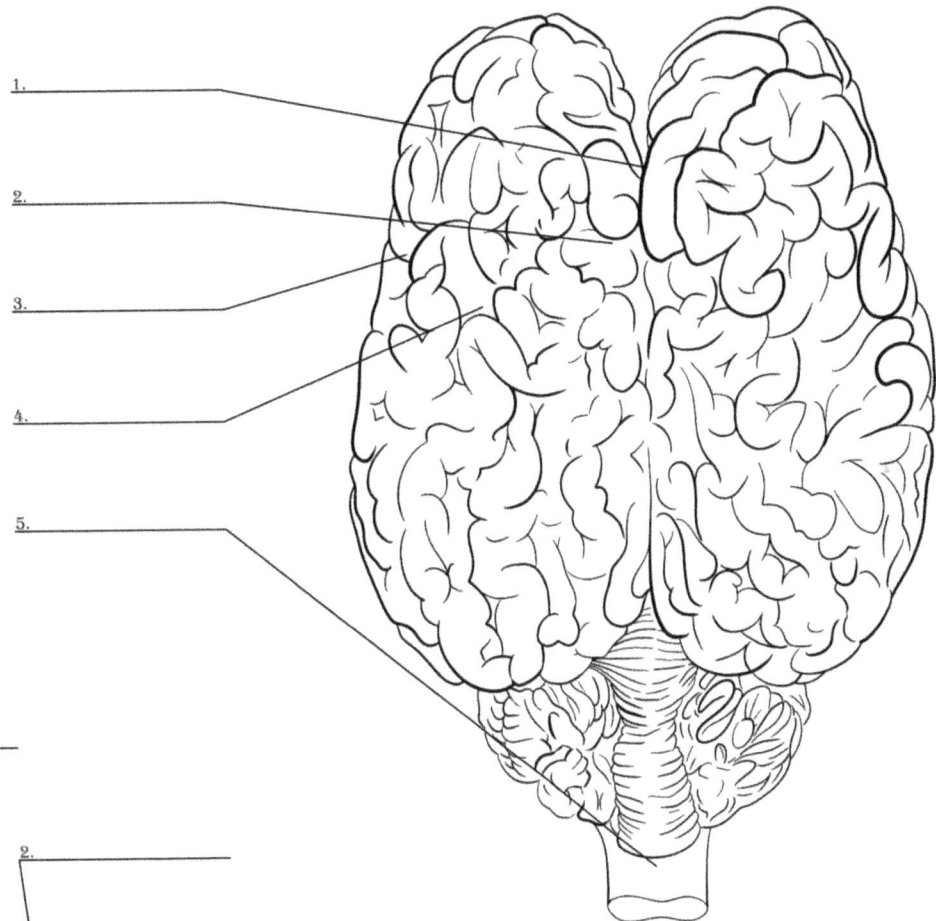

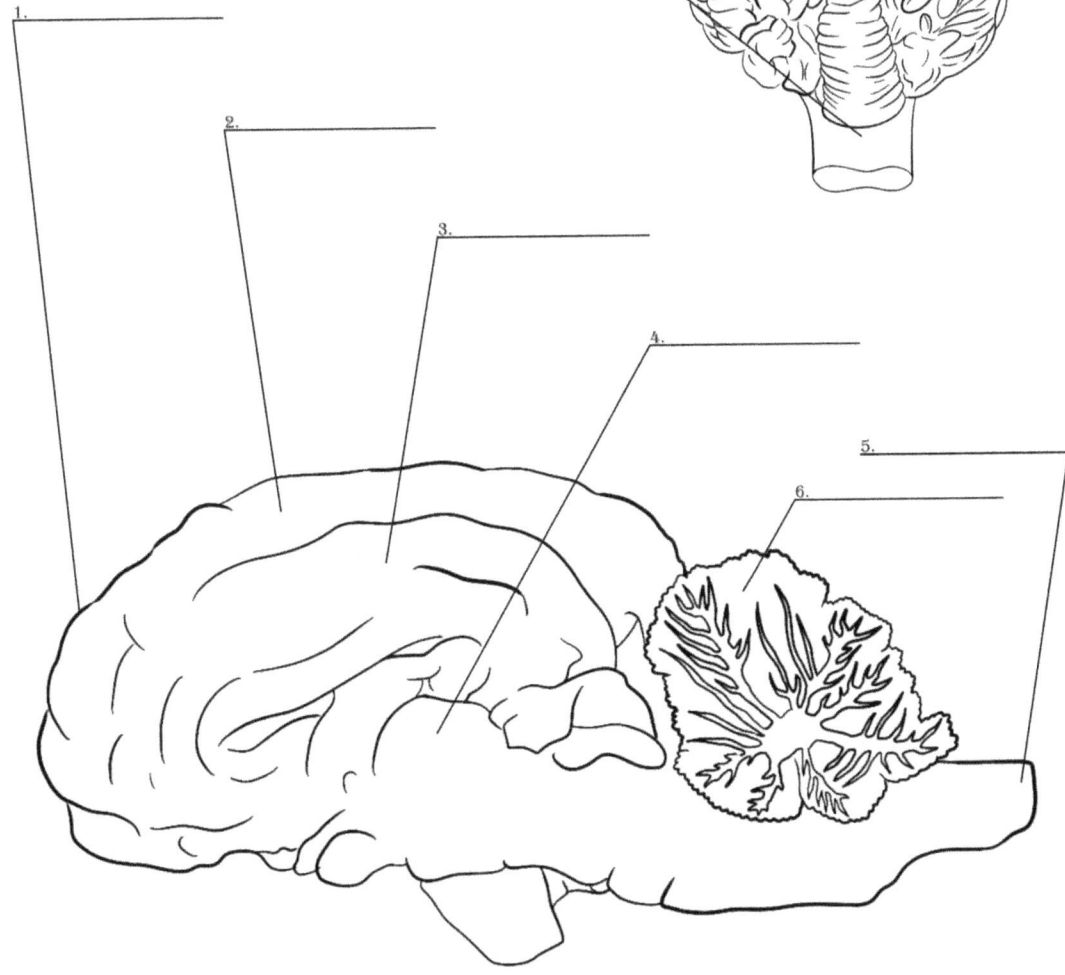

1. _____

2. _____

3. _____

4. _____

5. _____

1. _____

2. _____

3. _____

4. _____

5. _____

6. _____

ABSCHNITT 19: DER LATERALE UND DORSALE ASPEKT DES PFERDEHIRNS

1. GROßER LÄNGSSPALT ZWISCHEN DEN GEHIRNHÄLFTEN
2. KRITISCHER RISS
3. SEITLICHER RISS
4. GROßER SCHRÄGER RISS
5. RÜCKENMARK
6. KLEINHIRN

ABSCHNITT 20: DAS AUGE DES PFERDES

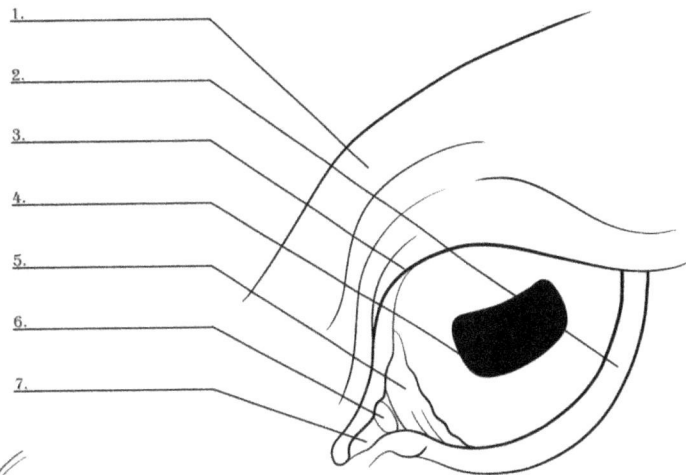

1.
2.
3.
4.
5.
6.
7.

FIBROUS TUNIC:

8.
9.
10.
11.
12.
13.
14.
15.
16.
17.
18.
19.
20.
21.

RETINA:

22.
23.
24.
25.
26.
27.
28.
29.
30.
31.

CILIARY BODY:

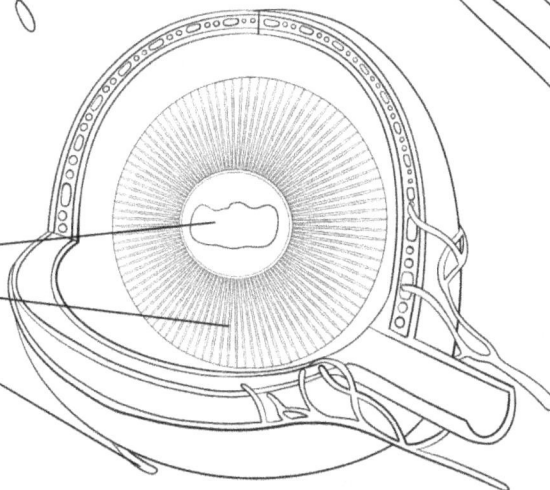

32.
33.
34.

ABSCHNITT 20: DAS AUGE DES PFERDES

1. SUPRAORBITALER BEREICH
2. LATERALWINKEL DES AUGES
3. OBERER WIMPERNRAND DES OBEREN AUGENLIDS
4. DIE IRIS
5. 3. AUGENLID
6. TRÄNENKNORPEL
7. MEDIANER WINKEL DES AUGES

FASERIGE TUNIKA:
8. OBERES AUGENLID
9. BULBRIGE BINDEHAUT
10. SKLERA
11. TARSAL-DRÜSEN
12. LIMBUS
13. HORNHAUT
14. IRIS
15. IRIDISCHES GRANULAT
16. ZIELSETZUNG
17. STUDENT
18. KAPSEL DER AUGENLINSE
19. ZONALE FASERN
20. ORBICULARIS OCULI
21. UNTERLID

DIE NETZHAUT:
22. BLINDER TEIL
23. OPTISCHER TEIL
24. ADERHAUT
25. ÄUßERE OPHTHALMOLOGISCHE ARTERIE
26. INNERE AUGENARTERIE
27. DER SEHNERV
28. OPTISCHE PLATTE
29 NETZHAUTGEFÄßE
30. RECTUS VENTRAL
31. WUNDHAKENKNOPF

ZILIARKÖRPER:
32. LINSENFÖRMIGER STRAHL
33. ZILIARKRONE
34. VERWIRBELTE VENEN

ABSCHNITT 21: LIPPEN UND NASE DES PFERDES

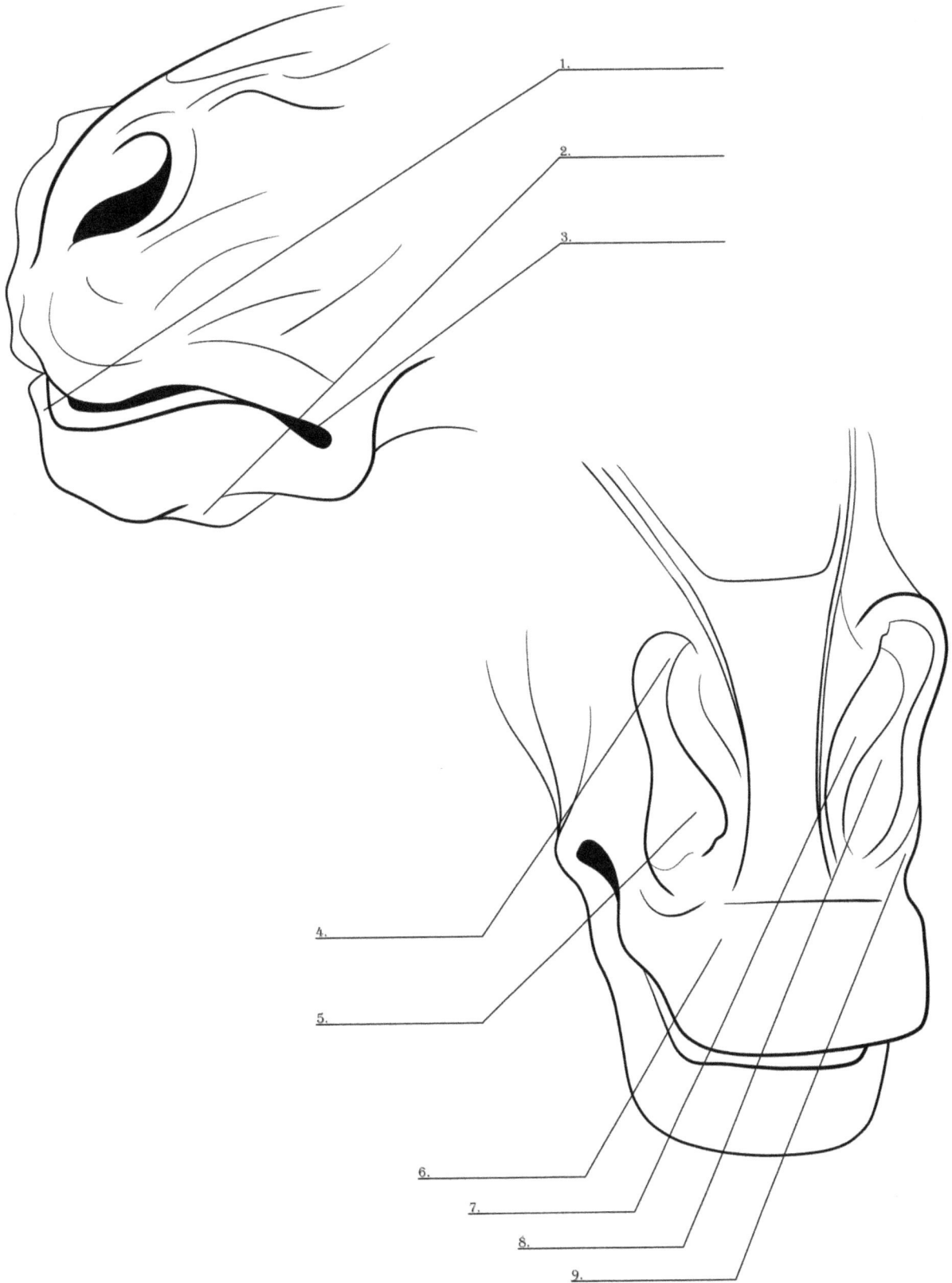

1.

2.

3.

4.

5.

6.

7.

8.

9.

ABSCHNITT 21: LIPPEN UND NASE DES PFERDES

1. UNTERLIPPE
2. GEISTIGER PUNKT
3. MUNDWINKEL
4. FALSCHES NASENLOCH (DIVERTIKEL)
5. WAHRES NASENLOCH
6. NASOLABIALE REGION
7. SEITLICHER FLÜGEL DER NASENLÖCHER
8. DIE NASENÖFFNUNG DES TRÄNENNASENGANGES
9. MEDIANER FLÜGEL DES NASENFLÜGELS

ABSCHNITT 22: DIE OHREN DES PFERDES

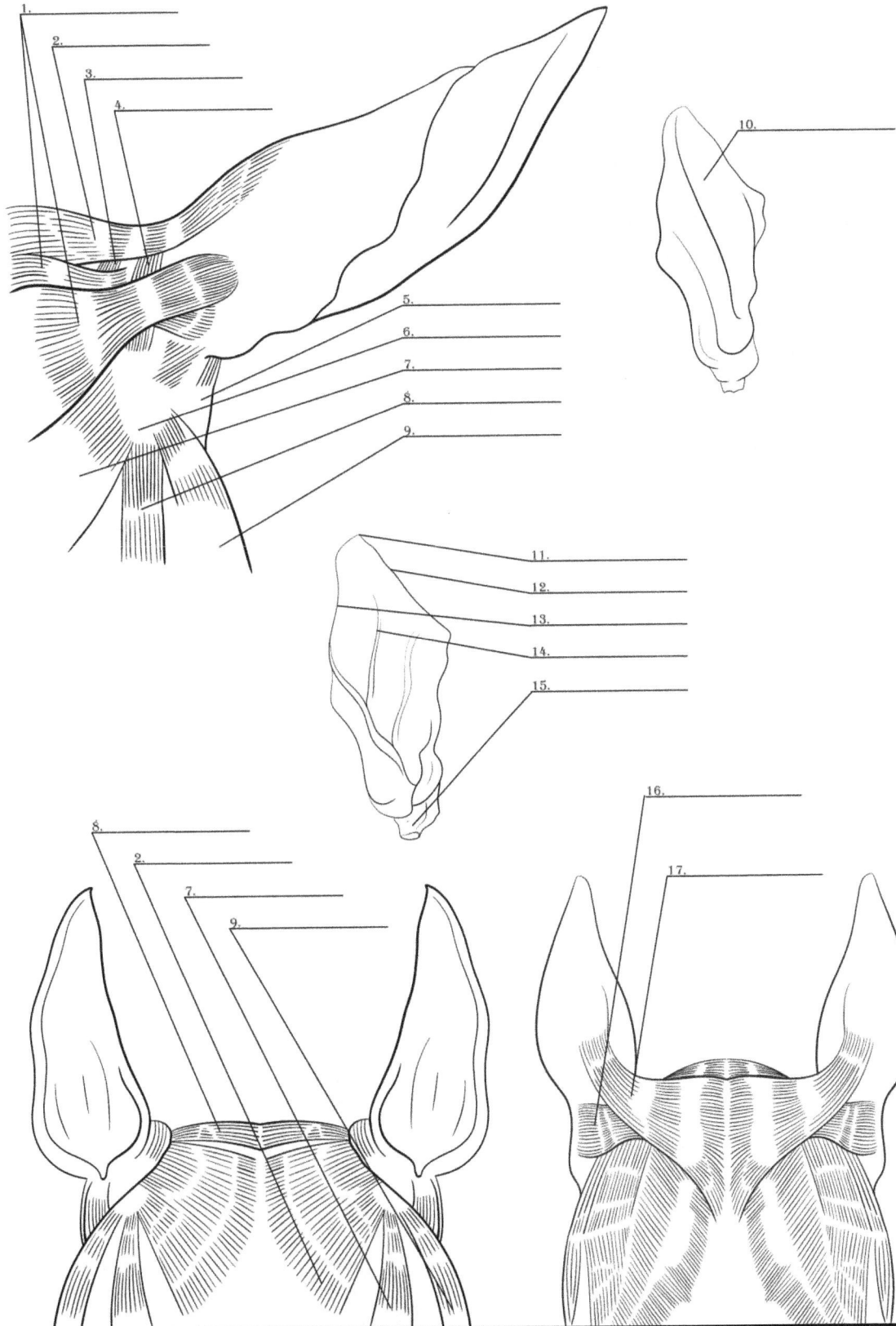

1.
2.
3.
4.
5.
6.
7.
8.
9.
10.
11.
12.
13.
14.
15.
16.
17.
8.
2.
7.
9.

ABSCHNITT 22: DIE OHREN DES PFERDES

1. INTER/PARIETOAURIKULÄRE MUSKELN
2. ZERVIKO-AURIKULÄRER MUSKEL
3. ROTATOR DES LANGEN MUSKELS DES OHRES
4. SCUTULOAURIKULÄRER MUSKEL
5. PAROTIDEOAURIKULÄRER MUSKEL
6. SKUTULARER KNORPEL
7. FRONTALER MUSKELSCHNITT
8. PARIETOSKUTULARER MUSKEL
9. ZYGOMATISCHER SCHÄDELMUSKEL
10. KAUDALE OBERFLÄCHE DES VORHOFKNORPELS
11. SPITZE DES VORHOFKNORPELS
12. ROSTRALER RAND DES VORHOFKNORPELS
13. KAUDALER RAND DES VORHOFKNORPELS
14. OHRKNORPELHÖHLE
15. ÄUßERER CHONDRALER GEHÖRGANG
16. TIEFER ZERVIKO-AURIKULÄRER MUSKEL
17. OBERFLÄCHLICHER ZERVIKO-AURIKULÄRER MUSKEL

ABSCHNITT 23: THORAX EXTREMITÄT LATERALER ASPEKT

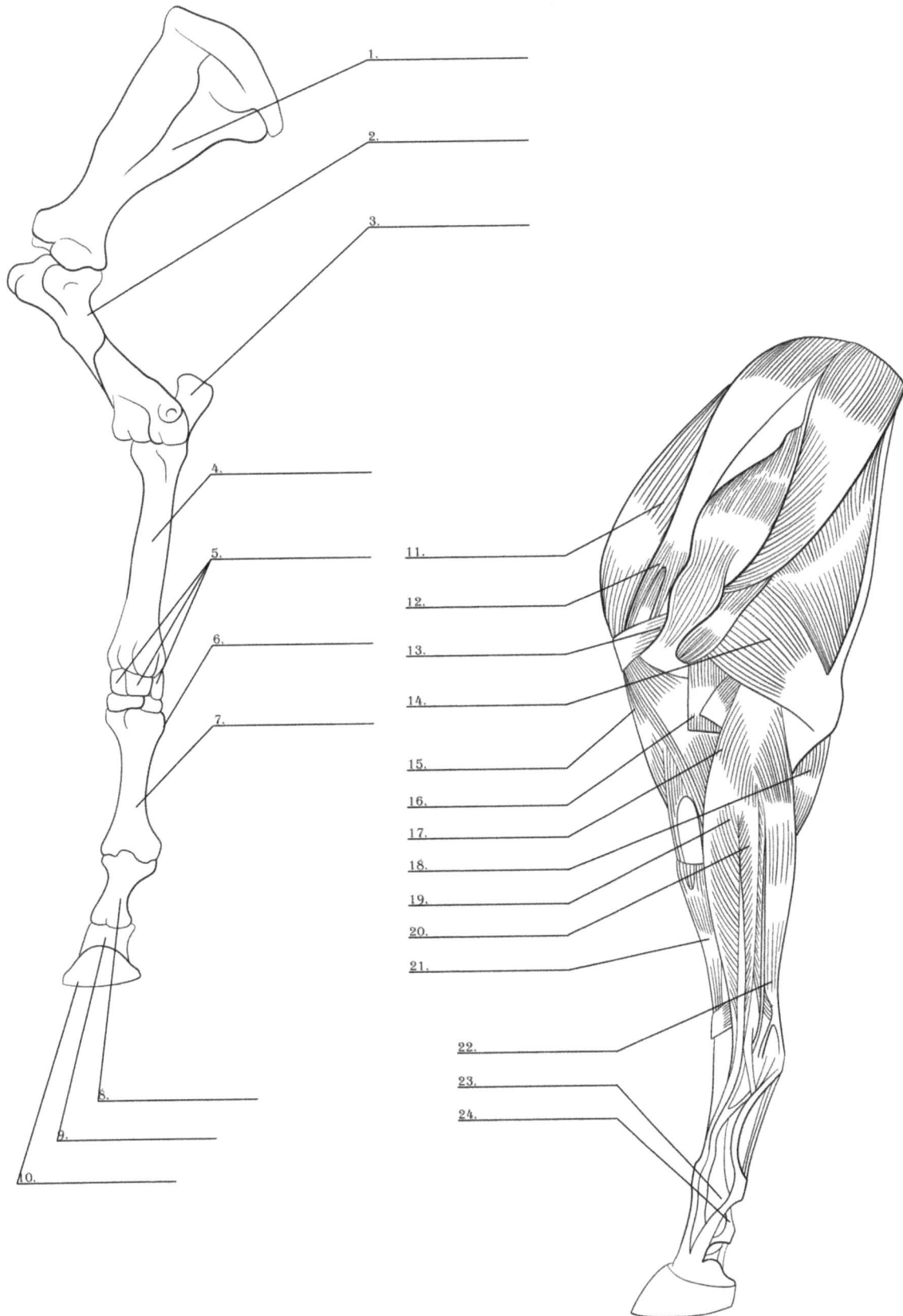

1.
2.
3.
4.
5.
6.
7.
8.
9.
10.

11.
12.
13.
14.
15.
16.
17.
18.
19.
20.
21.
22.
23.
24.

ABSCHNITT 23: THORAX EXTREMITÄT LATERALER ASPEKT

1. SCHULTERBLATT
2. HUMERUS
3. OLEKRANON
4. RADIUS
5. KARPALKNOCHEN
6. 4. MITTELHANDKNOCHEN
7. 3. MITTELHANDKNOCHEN
8. PROXIMALE PHALANX
9. MITTELPHALANX
10. DISTALE PHALANX

11. M. SUPRASPINATUS
12. INFRASPINATUS-MUSKEL
13. DELTAMUSKEL
14. MUSCULUS BRACHIALIS TRICEPS
15. BIZEPS-BRACHIALMUSKEL
16. BRACHIALER MUSKEL
17. RADIALER KARPALSTRECKMUSKEL
18. MEDIALER KREUZBANDFLEXOR-MUSKEL
19. GEMEINSAMER KREUZBANDSTRECKMUSKEL
20. SEITLICHER DIGITALER STRECKMUSKEL
21. ABDUKTOR DES GROßEN DORSALEN MUSKELS
22. ULNARER KARPAL-STRECKMUSKEL
23. MITTLERER INTEROSSÄRER MUSKEL
24. OBERER KREUZBANDBEUGEMUSKEL

ABSCHNITT 24: THORAKALE EXTREMITÄT SCHÄDELASPEKT

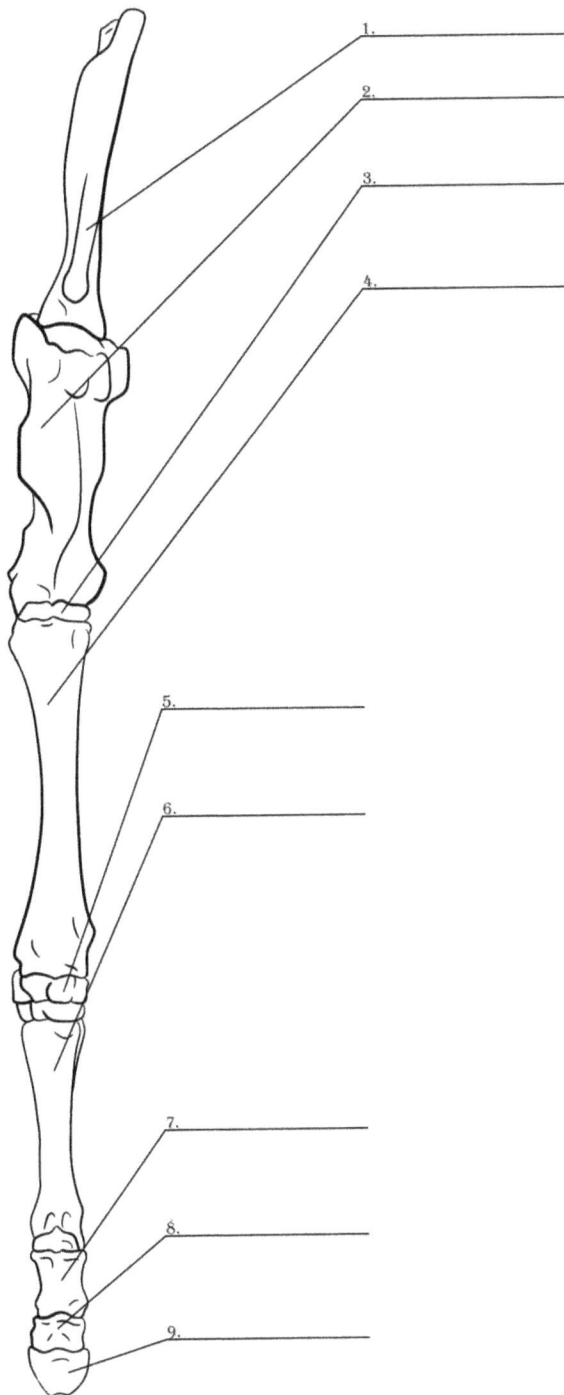

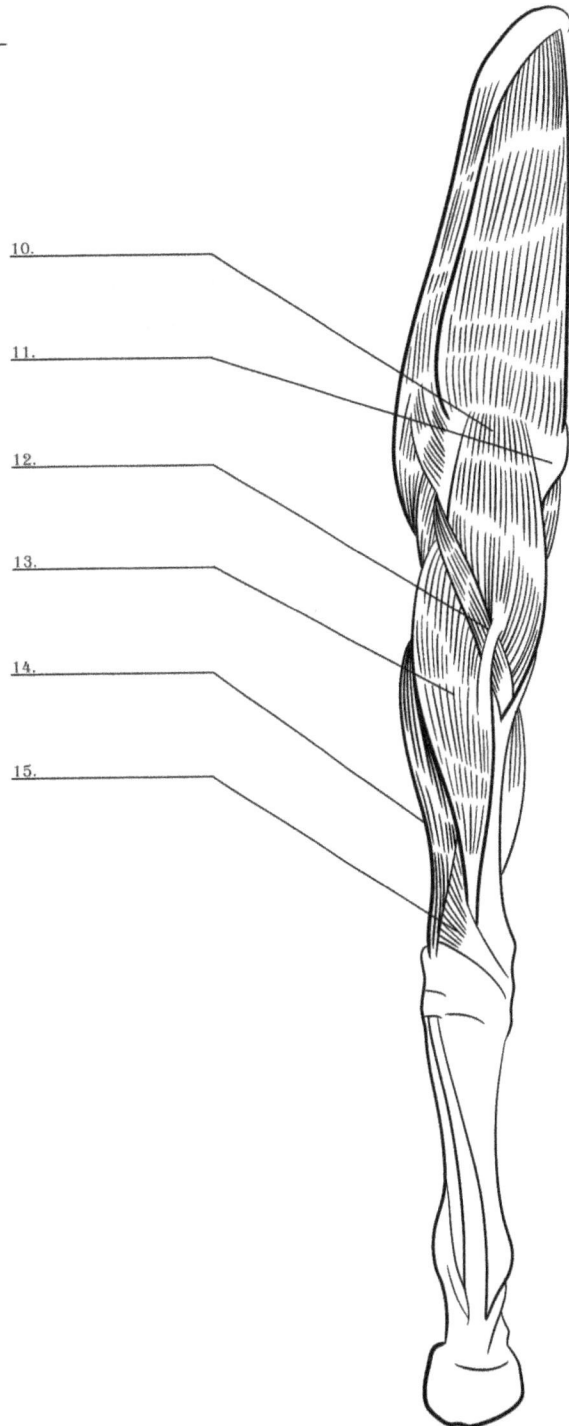

1.

2.

3.

4.

5.

6.

7.

8.

9.

10.

11.

12.

13.

14.

15.

ABSCHNITT 24: THORAKALE EXTREMITÄT SCHÄDELASPEKT

1. SCAPULA
2. OBERARMKNOCHEN
3. ELLENBOGENGELENK
4. RADIUS
5. DAS KNIE
6. KANONENKNOCHEN
7. LANGES FESSELBEIN
8. KURZER KNOCHEN AN DER FESSEL
9. FUßKNOCHEN

10. BIZEPS-BRACHIALMUSKEL
11. DELTAMUSKEL
12. BRACHIALER MUSKEL
13. RADIALER KARPALSTRECKMUSKEL
14. STRECKMUSKEL DES KREUZBANDES
15. ABDUKTOR DES LANGEN BEINMUSKELS

ABSCHNITT 25: BECKENGLIEDMAßE SEITLICHER ASPEKT

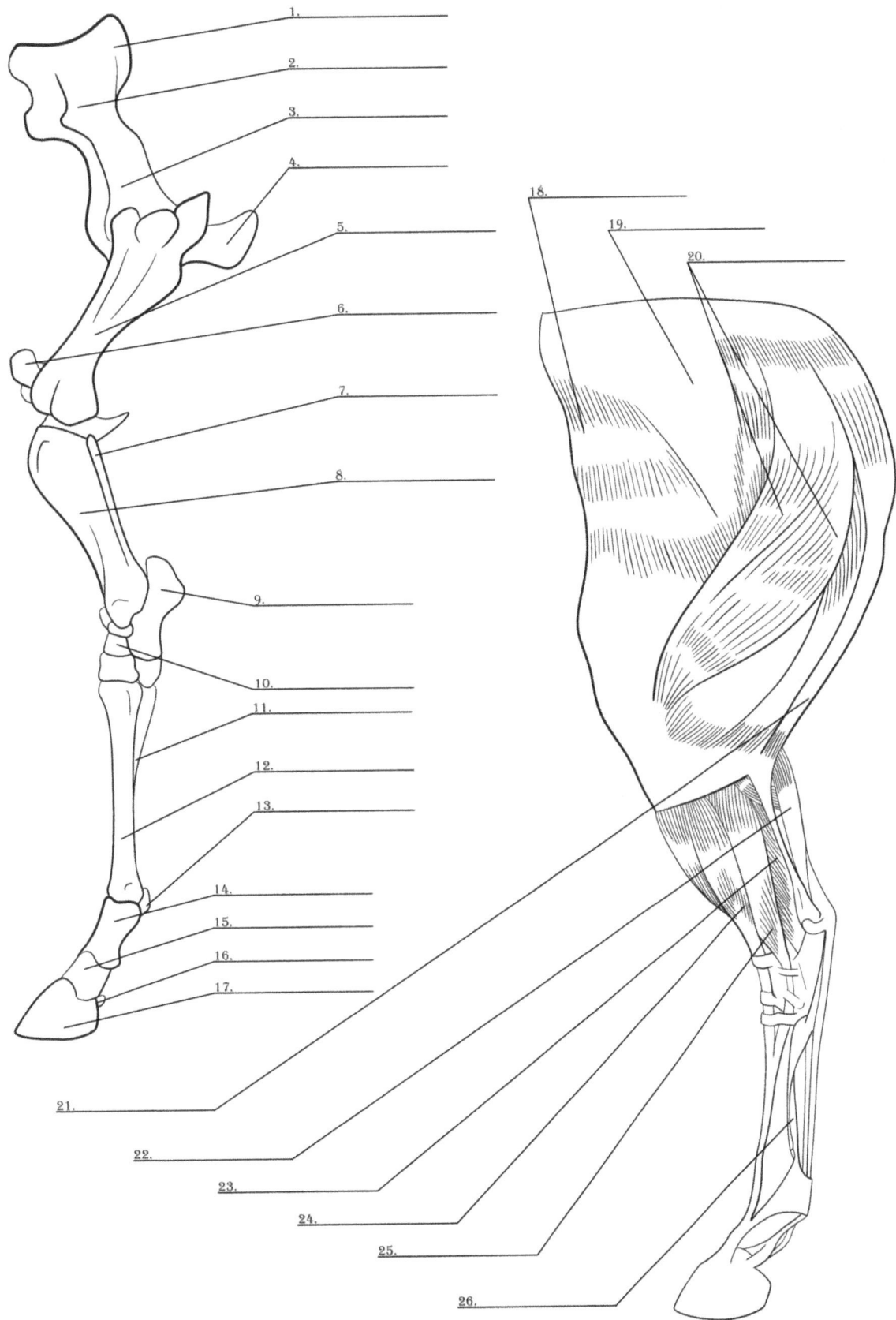

1.

2.

3.

4.

5.

6.

7.

8.

9.

10.

11.

12.

13.

14.

15.

16.

17.

18.

19.

20.

21.

22.

23.

24.

25.

26.

ABSCHNITT 25: BECKENGLIEDMAßE SEITLICHER ASPEKT

1. SAKRALTUBEROSITAS
2. ILIUM-FLÜGEL
3. BECKEN
4. GESÄßSPITZE
5. OBERSCHENKELKNOCHEN
6. PATELLA
7. DIE FIBULA
8. SCHIENBEIN
9. CALCANEUS
10. TEERSTOFFE
11. SCHIENE
12. KANONISCHER KNOCHEN
13. PROXIMALES SESAMOID
14. LANGE FESSEL
15. KURZFASERFESSEL
16. STRAHLBEIN
17. SARGKNOCHEN

18. MUSKELTENSOR FASCIAE LATAE
19. OBERFLÄCHLICHER GESÄßMUSKEL (GLUTEUS SUPERFICIALIS)
20. BIZEPS FEMORIS-MUSKEL
21. HALBSEHNENMUSKEL
22. DER MUSKEL DES GASTROCNEMIUS
23. MUSCULUS TIBIALIS CAUDALIS
24. M. LONGUS EXTENSORUS DES DIGITORUM
25. MUSCULUS EXTENSOR DIGITORUM LATERALIS
26. MUSCULUS INTEROSSEUS MEDIUS

ABSCHNITT 26: SCHÄDELASPEKT DER BECKENGLIEDMAßEN

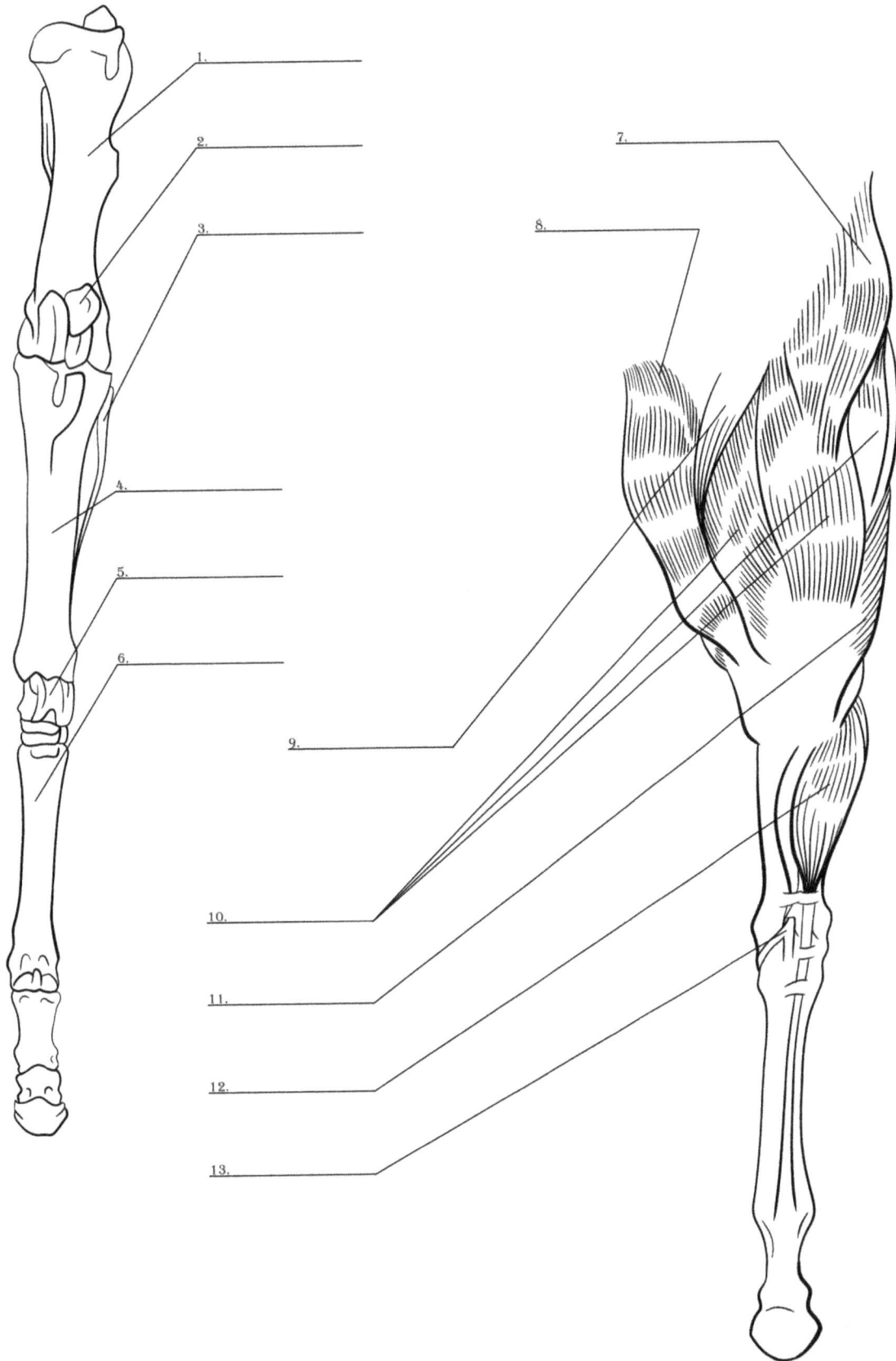

1.

2.

3.

4.

5.

6.

7.

8.

9.

10.

11.

12.

13.

ABSCHNITT 26: SCHÄDELASPEKT DER BECKENGLIEDMAßEN

1. OBERSCHENKELKNOCHEN
2. PATELLA
3 FIBULA
4. SCHIENBEIN
5. TEERSTOFFE
6. KANONENKNOCHEN
7. TENSOR FASCIAE LATAE MUSKEL
8. MUSCULUS GRACILIS
9. SCHNEIDERMUSKEL
10. M. QUADRICEPS FEMORIS
11. MUSCULUS BICEPS FEMORIS
12. M. LONGUS EXTENSORUS DES DIGITORUM
13. SEHNE DES SCHÄDELMUSKELS DES SCHIENBEINS

ABSCHNITT 27: DER PFERDEHUF 1

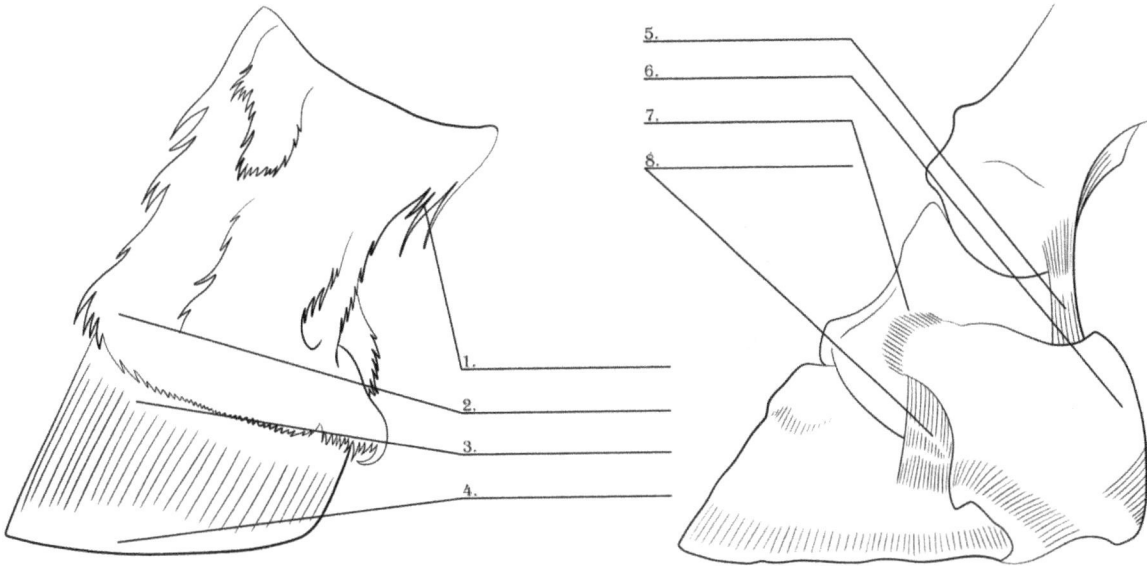

1.
2.
3.
4.

5.
6.
7.
8.

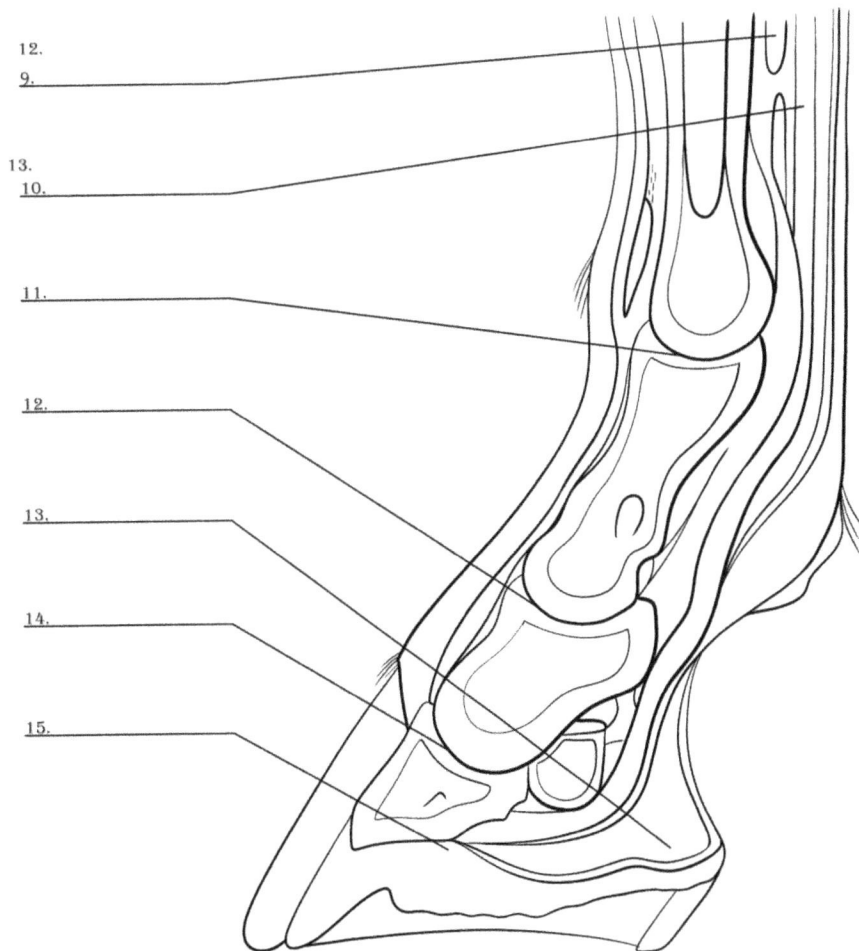

12.
9.

13.
10.

11.

12.

13.

14.

15.

ABSCHNITT 27: DER PFERDEHUF 1

1. FEDERN
2. PERIOPISCHE LEDERHAUT
3. KORONAR
4. CORIUM DER WAND
5. LIGAMENTUM CHONDROCOMPEDUM LATERAL
6. HUFKNORPEL
7. DORSALES LIGAMENT DES HUFKNORPELS
8. SEITENBAND DES PEDALGELENKS
9. MUSCULUS INTEROSSEUS MEDIUS
10. BEUGEMUSKEL DES DIGITORUM PROFUNDUS
11. KUGELGELENK
12. MIT DER FESSEL VERBUNDEN
13. HYPODERMIS (DIGITALES KISSEN)
14. PEDALGELENK
15. HORNFROSCH (KEILFÖRMIGE EPIDERMIS)

ABSCHNITT 28: DER PFERDEHUF 2

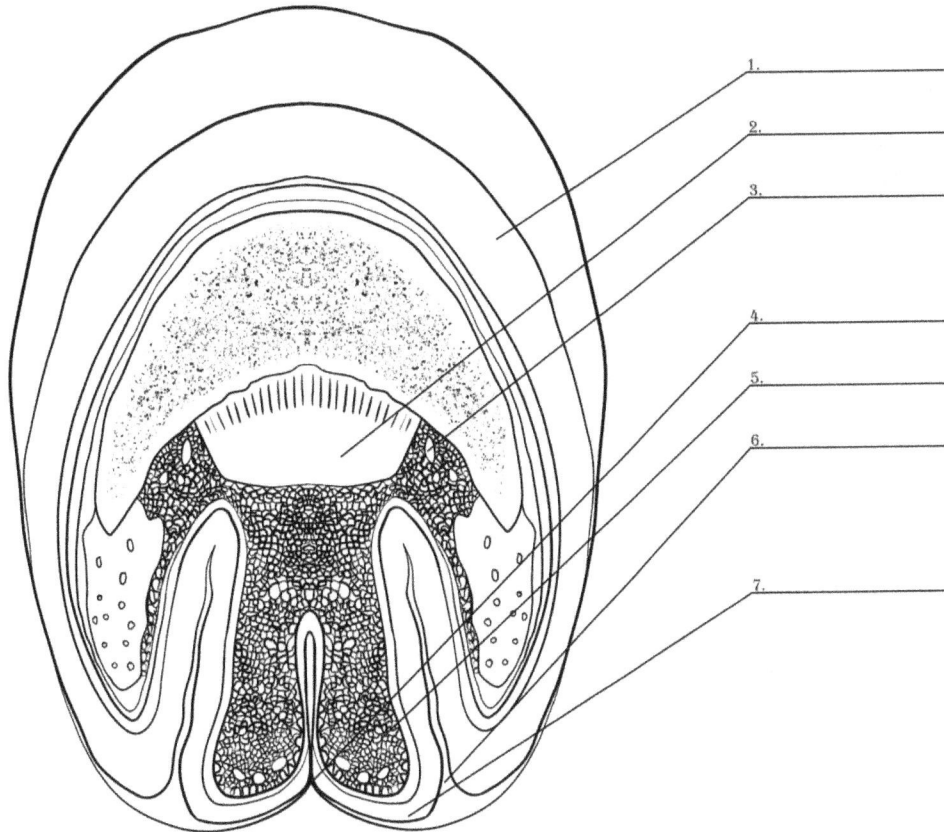

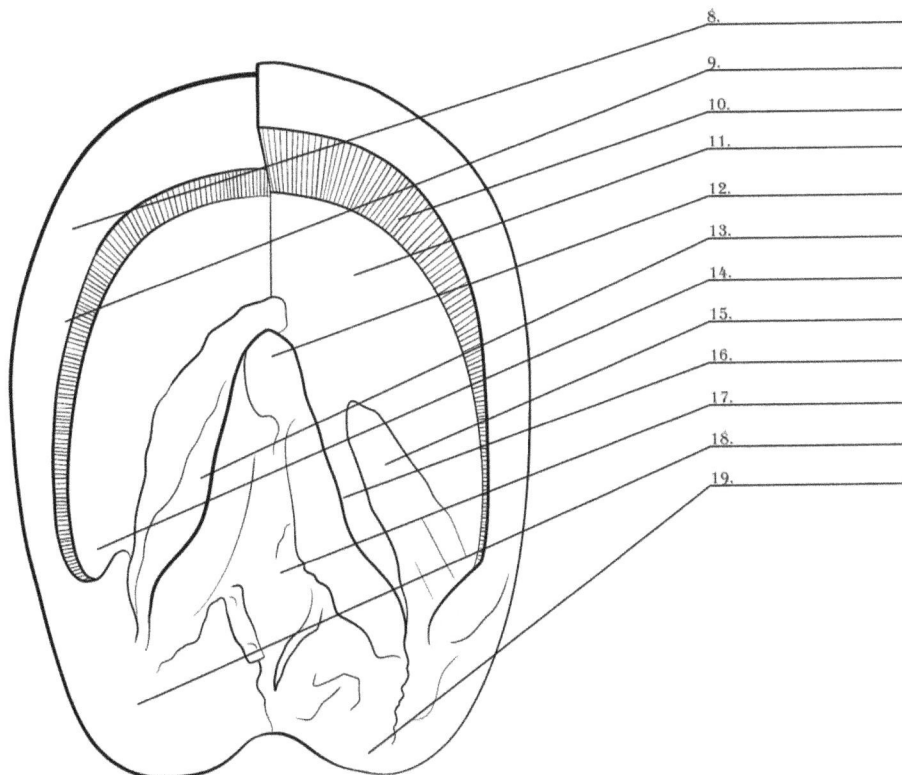

1.
2.
3.
4.
5.
6.
7.

8.
9.
10.
11.
12.
13.
14.
15.
16.
17.
18.
19.

ABSCHNITT 28: DER PFERDEHUF 2

1. KORONARE EPIDERMIS
2. TIEFE DIGITALE BEUGESEHNE
3. MEDIANE ARTERIE, VENE UND NERV
4. ZENTRALE FURCHE DES FROSCHES
5. CRUS DE LA GRENOUILLE
6. PARAKUNEALE NUT
7. BAR

8. MITTLERE SCHICHT DER HUFWAND
9. WEIßE LINIE
10. EPIDERMALE LAMELLEN
11. KÖRPER DER SOHLE
12. SPITZE DES FROSCHES
13. BAR
14. SOHLENWINKEL
15. ROHE SEEZUNGE
16. KOLLATERALER SULKUS
17. ZENTRALE FURCHE DES FROSCHES
18. ECKE DER WAND
19. FERSENZWIEBEL

ABSCHNITT 29: DAS HERZ DES PFERDES

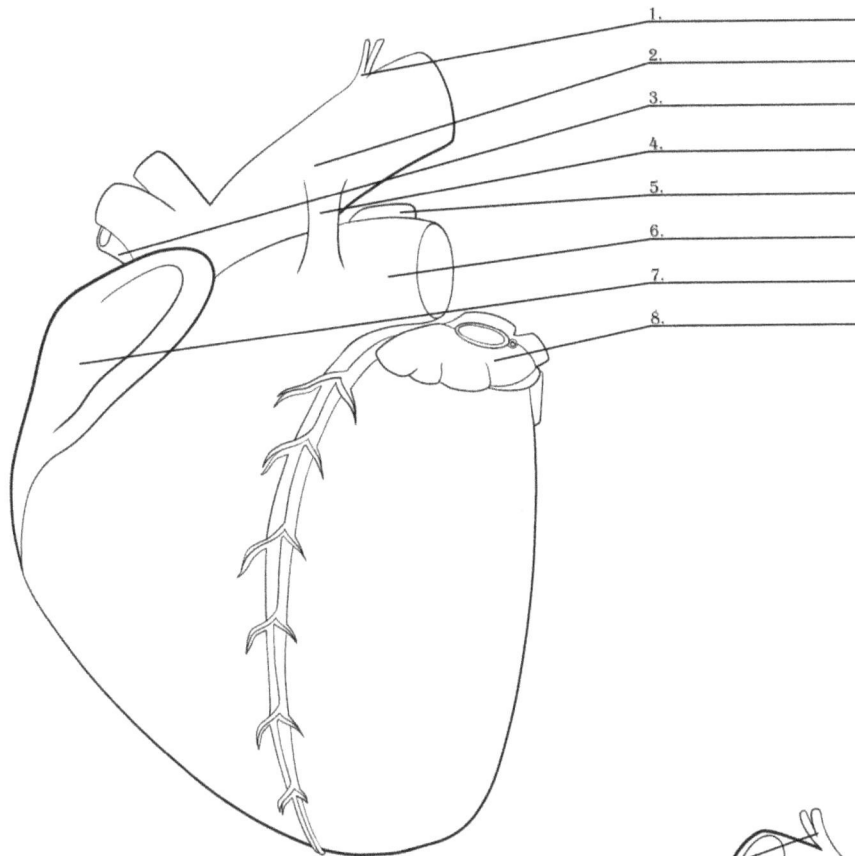

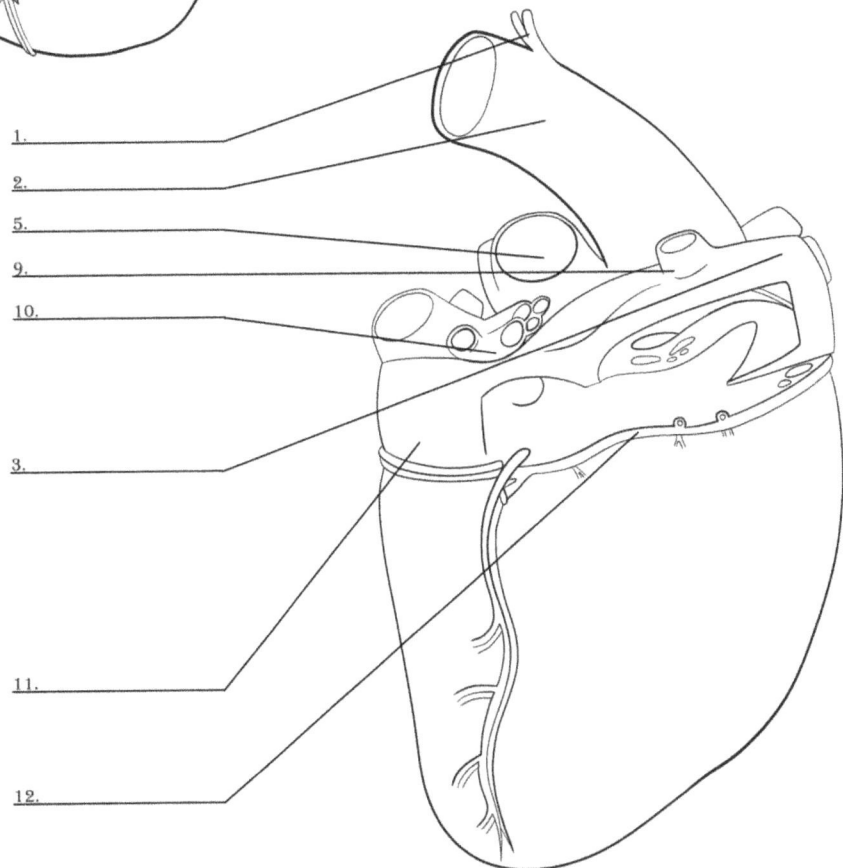

1.

2.

3.

4.

5.

6.

7.

8.

1.

2.

5.

9.

10.

3.

11.

12.

ABSCHNITT 29: DAS HERZ DES PFERDES

1. INTERKOSTAL-GEFÄßE
2. AORTA
3. KRANIALE HOHLVENE
4. DAS LIGAMENTUM ARTERIOSUM
5. RECHTE LUNGENARTERIE
6. LINKE LUNGENARTERIE
7. RECHTE OHRMUSCHEL
8. LINKE OHRMUSCHEL
9. RECHTSSEITIGE AZYGOTE VENE
10. LUNGENVENEN
11. KAUDALE HOHLVENE
12. KORONALER SULKUS

ABSCHNITT 30: DIE LUNGEN DES PFERDES

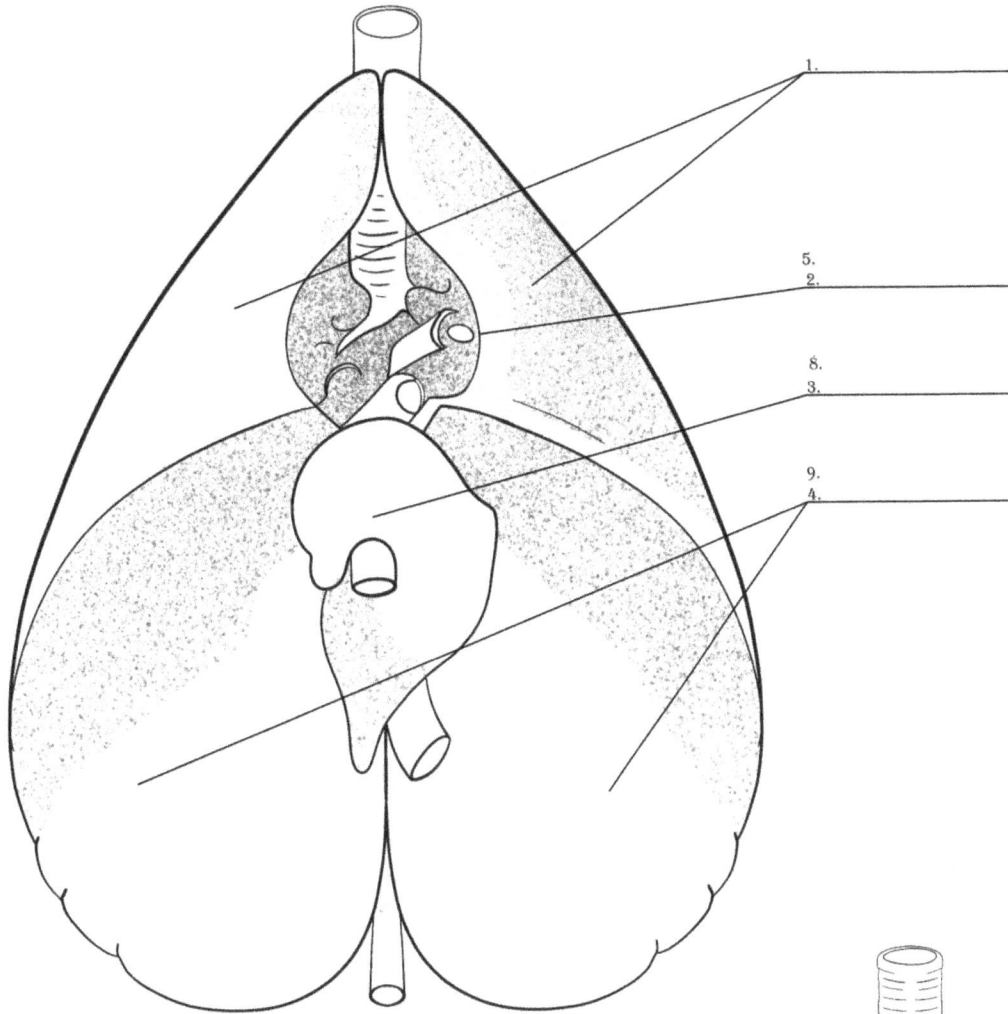

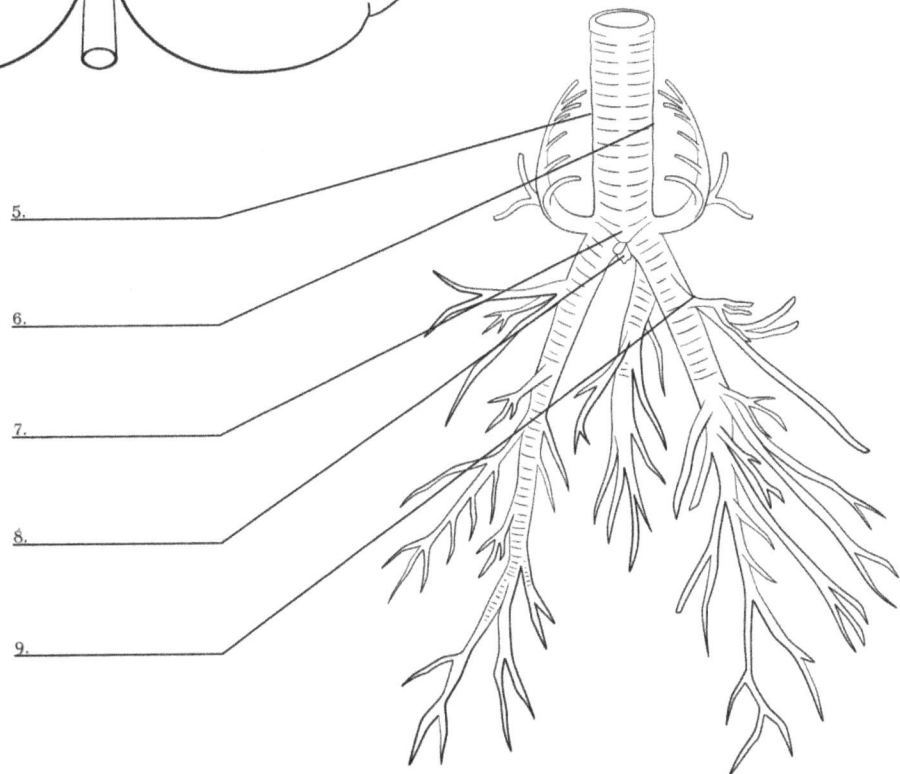

1.

5.
2.

8.
3.

9.
4.

5.

6.

7.

8.

9.

ABSCHNITT 30: DIE LUNGEN DES PFERDES

1. SCHÄDELLAPPEN
2. KARDIOLOGISCHE ANMERKUNG
3. NEBENKEULE
4. SCHWANZLAPPEN
5. LINKE TRACHEOBRONCHIALE LYMPHKNOTEN
6. RECHTE TRACHEOBRONCHIALE LYMPHKNOTEN
7. TRACHEALBIFURKATION
8. MITTLERE TRACHEOBRONCHIALE LYMPHKNOTEN
9. LUNGENLYMPHKNOTEN

ABSCHNITT 31: DAS RÜCKENMARK DES PFERDES

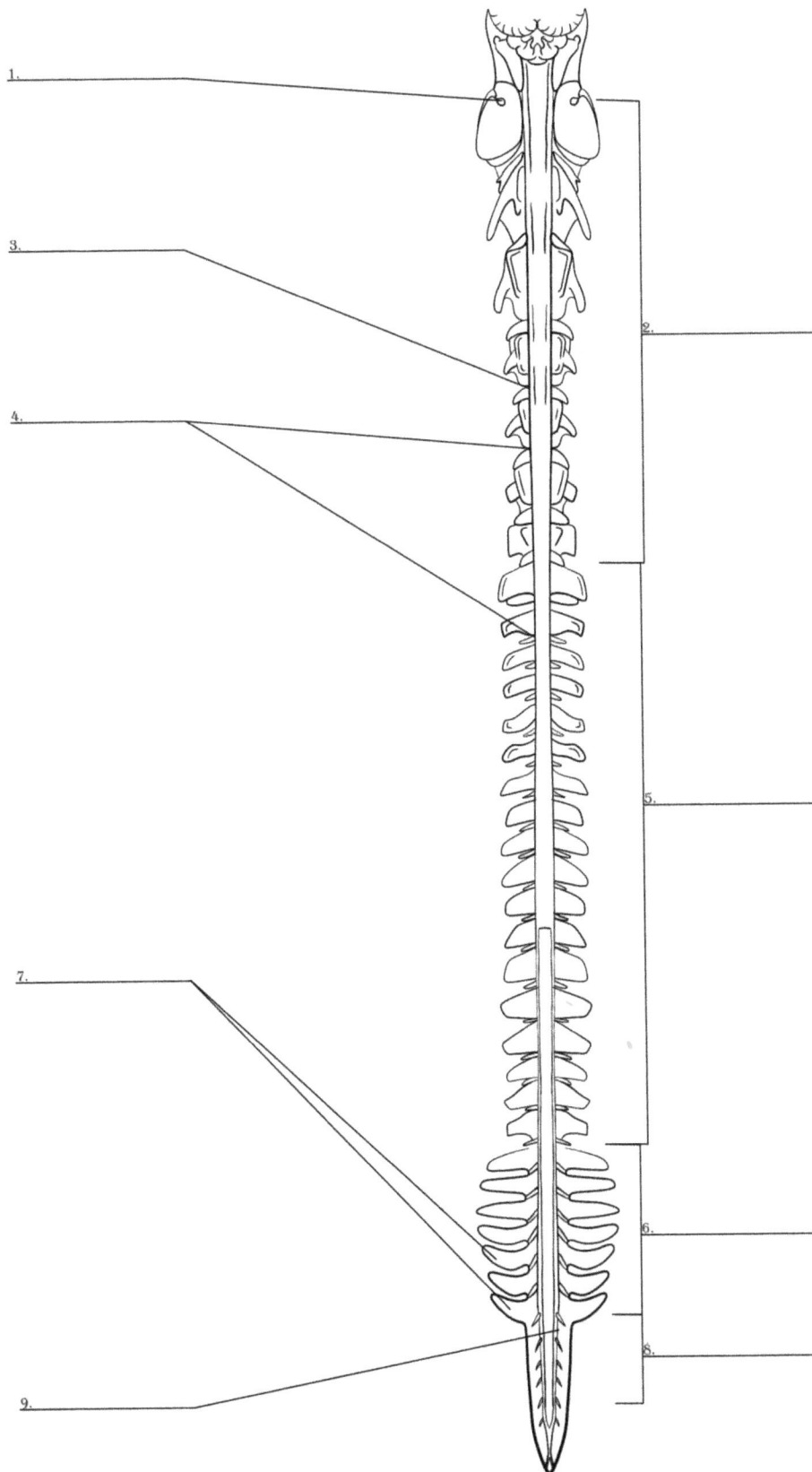

1.

3.

4.

2.

5.

7.

6.

8.

9.

ABSCHNITT 31: DAS RÜCKENMARK DES PFERDES

1. LATERALES FORAMEN MAGNUM
2. ZERVIKALER TEIL
3. FORAMEN INTERVERTEBRALIS
4. VERDICKUNG DES GEBÄRMUTTERHALSES
5. THORAKALER TEIL
6. LENDENWIRBELBEREICH
7. VERDICKUNG DER LENDENWIRBELSÄULE
8. HEILIGER TEIL
9. LUMBO-SAKRALES FORAMEN

www.ingramcontent.com/pod-product-compliance
Lightning Source LLC
Chambersburg PA
CBHW051352200326
41521CB00014B/2554